油茶高产品种栽培

第2版

韩宁林　赵学民　编著

中国农业出版社

北　京

图书在版编目（CIP）数据

油茶高产品种栽培／韩宁林，赵学民编著．—2 版
．—北京：中国农业出版社，2021.4（2023.3 重印）
ISBN 978-7-109-28052-6

Ⅰ.①油… Ⅱ.①韩… ②赵… Ⅲ.①油茶－栽培技
术 Ⅳ.①S794.4

中国版本图书馆 CIP 数据核字（2021）第 048251 号

油茶高产品种栽培
YOUCHA GAOCHAN PINZHONG ZAIPEI

中国农业出版社出版
地址：北京市朝阳区麦子店街 18 号楼
邮编：100125
责任编辑：石飞华
版式设计：王　晨　责任校对：刘丽香
印刷：中农印务有限公司
版次：2009 年 1 月第 1 版　2021 年 4 月第 2 版
印次：2023 年 3 月第 2 版北京第 2 次印刷
发行：新华书店北京发行所
开本：850mm×1168mm　1/32
印张：4.25　插页：10
字数：120 千字
定价：25.00 元

第2版前言

　　两年多前，出版社要求修订《油茶高产品种栽培》，我应承了，但实施中困难重重，无法完成。最近出版社又来电希望再版，说此书一直有市场需求。想不到，10多年前编写的这本小册子那么受欢迎，我们也真心为之高兴，所以再困难也得努力完成。尽管仍然困难重重，差点夭折，我们尽了努力，最后还是将其基本做好了。

　　因为这是我连续工作30多年的系统经验总结，书内首次全面介绍了在油茶生产中可以实际应用的一系列技术，它们简明扼要，操作性强，可以为不断提升油茶产业高度做出实际贡献。这可能是该小册子出版后受到欢迎的根源吧。

　　油茶是我国特产。正确利用茶油，不仅可以直接为我国不少山区的脱贫致富服务，而且还能逐步提高人民的健康水平。长期以来，油茶实生繁殖，产量低而不稳，生产力低，得不到大家的重视。从变异大的生产群体内选择优株，无性繁殖，以建成新一代的油茶生产性林分，与此同时，通过选择亲本、胶布隔离控制授粉，又能从杂交后代中方便地选育出一大批新的油茶高产优质后代，掌握好"有性育种，无性繁殖"这一套技术，是可以让我国的油茶生产逐步走上良种化新阶段的。

　　现实生活中的浮躁作风，在油茶的科研和生产中也比比皆是。这是阻碍油茶生产发展的一大因素。只有老老实实地按照科学规律办事，才能有生产上的点滴进步。

这次再版，经反复阅读，我坚信该小册子所谈及的一切，是基本正确的，所以，我们只对其中的少许错误作了补充修改。第四章我们加入了第五节，这是在经历种植方式改变后又一个近 30 年内经验的积累与总结。这部分内容就是由亲身经历者赵学民直接写成的。

韩宁林

2020 年 12 月

第1版前言

笔者1962年开始注意油茶，1972年起从事油茶研究，1997年在油茶研究的低谷还培养了一名专攻油茶的研究生，此后也曾就油茶的人才培养、研究方向和途径，提出过自己的建议。这是因为，我认识到油茶是我们的国宝。

如今，当大家重新开始重视这一国宝的时候，我已退休。2007年12月，应中国林业科学研究院亚热带林业研究所（以下简称亚林所）的要求，我开始着手总结自己在油茶方面所做过的研究，及其他同志最近七八年的工作，完成了一次成果鉴定。为了加速这项成果的推广，主要以总结自己几十年的研究为主，写成了这本小册子。希望能够以此推动越来越热的油茶生产和研究。

作为经济林，研究油茶是非常困难的。这是因为从油茶所得到的直接效益，没有香榧等树种高；油茶长在深山区，做油茶研究需要特别耐得住艰苦；油茶的六倍体结构，也使它的研究面临相当复杂的局面。其实，越是困难就越需要有人去研究，因为这确实是改变我国部分贫困山区面貌的一件大事，也是有助提高我国人民体质的一桩美事。

国家一直非常重视油茶生产。据我所知，单就四次全国性的油茶低产林改造工程，总体耗资就有几千万之多，加上各地自筹资金，总投资可能早就超过亿元。但是，效果与设想之间差距较大，学术上的浮躁之风仍然在油茶的科学研究中不断涌现，不讲究科学方法的事情也仍然比比皆是，这些都是与科学发展观背道而驰的。我之所以急于写这本小册子，其根源也在于此。

限于诸多因素，不少早就应当做的事情无法实施，所以，本小册子在介绍自己经验的同时，我还写进了一些设想。应当强调的是，这里所介绍的品种也不是现在唯一的可以应用于生产的新品种，它本身也有许多值得改进的地方。但是，当我系统总结时发现，1979 年我们在浙江安吉林科所率先营建的 1 公顷油茶无性系比较试验林，采用 10 株小区，3 次重复，1982 年进入结实盛期后，经过连续 4 年采收，1985 年 10 月，请全国著名的经济林专家到现场验产并鉴定的成果，因为方法科学，结论经受住了历史的考验，与我们中试期间从其他地方引进的 300 多个无性系相比，实在有天壤之别。大面积试验的结果是，利用我们推荐的新品种造林，种植 4～5 年就能投产茶籽油，7～8 年生油茶亩产油就能稳定在 30 千克以上，管理得好的，亩 * 产油可以接近或超过 50 千克。这也是我们 1980 年在江西分宜开始的中试能够发扬光大，最终真正推动整个油茶产业发展的根源。30 多年的科研和生产实践，充分证明了这是一种科学的油茶优良无性系鉴定方法。老老实实地采用这些方法，就一定能在最短时间内筛选并培育出越来越多的油茶新品种。希望这些意见和方法，能够为我国油茶将来的发展少走或不走弯路起一点作用。

这里，我需要特别感谢赵学民同志。正是由于赵学民的坚持，才有了资源的保留和一片一片新造油茶林的建立；也正是赵学民的贡献，才有了油茶芽苗砧嫁接苗培育水平一年

---

* 亩为非法定计量单位，1 亩＝1/15 公顷。

一个档次的提高；更因为赵学民的坚持，才有了油茶超级苗培育技术的出现。现在，我们已经可以做到用 4～5 年时间，从一株中选优良油茶单株，形成百万苗以上培育基地建设的全套技术。赵学民同志因此荣获 2007 年国家林业局优秀科技工作者称号是当之无愧的。

由于本人水平有限，书中错误之处在所难免，特别是关于加工方面我更是一名门外汉，恳请各位专家指正。

最后我还是应该对关心、支持或直接参加过这项工作的许多同志，包括尤海量、高继银、裘福庚、许一凡等，表示衷心的感谢。

韩宁林

2008 年 6 月

目 录

第一章

油茶栽培的意义

第一节　欧米伽膳食

近年来，人们对茶油保健作用的认识日益深入，这与欧米伽饮食的提出和研究直接有关，所以，我们先要谈一谈欧米伽膳食。

一、健康与食物

"病从口入"，是众所周知的常识。这句话，过去主要是讲病菌是由嘴巴进入人体的；随着科学研究的深入，现在已经认识到食物与人们的健康直接有关。坚持欧米伽膳食，是保持人体健康的重要因素。

1. 欧米伽膳食的来历　20世纪60年代进行的一项涉及希腊、意大利、日本、美国等共7个不同国家的12 000人的调查发现，以橄榄油烹调为主的地中海饮食有利于保持人体健康。而其中，尤其以希腊克利特岛的传统饮食更加有利于人的健康长寿。

克利特人的癌症死亡率是美国人的一半。他们因心脑血管疾病引起的死亡率也最低。据统计，心脑血管病的死亡人数，每10万人当中，希腊是48人，美国为466人。也就是说，希腊人的心脑血管疾病发生率比美国低90%。虽然克利特膳食中脂肪含量高达 40%，比日本膳食中的脂肪含量多出 3 倍，但他们各种疾病的总死亡率只是日本人的一半。更令人诧异的是，同样是吃富含橄榄油、豆类、水果、蔬菜的地中海式膳食，克利特岛居民的总死亡率，也只有意大利人的一半。科学家普遍认为，这主要是低含量的饱和脂肪酸及高含量的单不饱和脂肪酸所起的作用。

20 年以后，美国营养学家阿尔特米斯·西莫普勒斯博士发现：传统的克利特膳食中的必需脂肪酸含量处于理想的配比状态。她发现克利特人吃大量富含欧米伽 3（Ω-3）脂肪酸的绿色野生植物，而他们超长的寿命就是因为膳食中有着丰富的 Ω-3 脂肪酸。

2 个月后，她的推断被"里昂心脏病膳食研究"所证实。法国营养学家雷诺和德洛热尔安排了 302 位因严重的心脏病而岌岌可危的患者食用传统的心脏病膳食，食谱是由美国心脏病协会（AHA）推荐的。而另外一个相同条件的对照组则被安排食用作出了轻微调整的克利特膳食。

实验用的经过调整的克利特膳食以富含单不饱和脂肪酸的橄榄油为基础，其中 Ω-6 脂肪酸与 Ω-3 脂肪酸的比例为 4∶1，与传统的心脏病膳食和普通大众膳食相比，Ω-6 脂肪酸的比例要低很多。它的脂肪总含量占 35%，超过美国心脏病协会推荐膳食的脂肪含量 30%。

这项研究的结果改变了医学史。在临床试验了 4 个月以后，研究人员发现，食用经过调整的克利特膳食的小组，其成员死亡率要比食用美国心脏病协会推荐膳食的小组低得多。这个发现是十分惊人的，因为从来没有哪种心脏病膳食或药物能在半年内就显示出如此明显的挽救生命的功效。而且随着时间的推移，两组病人之间存活率的差距越来越显著。

"欧米伽膳食"的研究，在调整人们的食物结构方面具有划时代的意义。其中，所讲的 Ω-3 脂肪酸，就是指第一个不饱和键位于第三至第四个碳原子上的脂肪酸，其代表就是亚麻酸。而$\Omega-6$脂肪酸，则是指第一个不饱和键位于第六至第七个碳原子间的脂肪酸，其代表就是亚油酸。

2. 欧米伽膳食的作用　人体无法自己合成、在人体新陈代谢当中又是必须存在的脂肪酸称为人体必需脂肪酸，亚油酸、亚麻酸等都属于人体必需脂肪酸。长期以来，人们只知道亚油酸对某些疾病有积极意义，但研究结果是，亚油酸和亚麻酸对人体作用完全不同，亚油酸与亚麻酸的不平衡摄入很容易导致很多疾病。只有坚持正确的比例，才能有效地防止一系列疾病的发生。

在世界医学、营养学史上，单不饱和脂肪酸和$\Omega-3$脂肪酸功能的发现是继氨基酸、蛋白质之后又一重要里程碑。$\Omega-3$脂肪酸对预防和治疗心脏病、心脑血管疾病、某些癌症、肥胖症、糖尿病、早老痴呆症，甚至消除沮丧情绪、培养心智健康都有着不可低估的作用。在《欧米伽膳食》一书中，就有如下记载："你可以通过选择某些食用油而轻松地降低自己的血压。山茶油、橄榄油及其他$\Omega-3$油类，具有降低血压的功效"；"山茶油、橄榄油中的单不饱和脂肪酸，能保护心血管系统"；"多摄入$\Omega-3$脂肪酸，能像服用药物一样，有效地防止心脑血管疾病的发生……因此，你可以看到，富含单不饱和脂肪酸、$\Omega-3$脂肪酸的膳食，是保证心脑血管健康的灵丹妙药"。

具体地讲，欧米伽膳食具有以下几方面的作用：

（1）防止心肌梗死　在1996年进行的一项研究中，16位血压偏高的妇女同意在一个月改吃橄榄油。结果，她们的血压平均从161/94降至151/85，舒张压和收缩压几乎都降低了10毫米汞柱。[1]

食用以单不饱和脂肪酸为主的油类，可以降低体内低密度脂蛋白胆固醇（LDL）的含量，同时又能维持甚至增加高密度脂蛋

---

[1]　毫米汞柱为非法定计量单位，1毫米汞柱＝133.322帕。

白胆固醇（HDL）的含量。低密度脂蛋白胆固醇的升高，会增加血管壁上的沉积，产生粥样硬化而导致冠心病，而高密度脂蛋白胆固醇的增加可以有效地阻止这些物质在血管壁上的沉积，有效地防止冠心病和心肌梗死。临床试验证明，能够使高密度脂蛋白胆固醇提高的 VA-HIT，使心肌梗死的死亡率降低了 22%。食用饱和脂肪酸为主的油类会增加低密度胆固醇的含量；而食用经过氢化而形成的反式脂肪酸油类，不仅会增加低密度胆固醇的含量，还会雪上加霜，降低高密度胆固醇的含量。

心血管内血栓的形成是突发性心肌梗死的根源。Ω-3 脂肪酸可以从两方面防止血栓的形成。首先，它能降低血小板的"黏稠度"，让它们不易缠绕在一起；其次，它们降低了纤维蛋白原的数量。因此，就能大大减少心脏病的发生。

（2）抗击癌症　水果、蔬菜、Ω-3 脂肪酸具有抗癌功效。据试验，亚油酸和亚麻酸对于恶性肿瘤的细胞，具有完全相反的作用。Ω-6 脂肪酸，即亚油酸含量高的油类能够促进恶性肿瘤的生长；而 Ω-3 脂肪酸即亚麻酸含量高的油类则能抑止癌的发展。在癌组织中，注入 Ω-3 脂肪酸时，癌细胞的生长速度会大大减缓，和注入不含脂肪酸的血液差不多。但如果只注入 Ω-6 脂肪酸，癌细胞的生长速度会变得快得惊人。

注入 Ω-3 脂肪酸能抑止癌组织的发展，首先是它能降低血液中所含的亚油酸数量，使癌肿失去它发展所迫切需要的一种营养物质。其次，Ω-3 脂肪酸会与 Ω-6 脂肪酸争夺癌肿代谢中所需要的一种酶，使其不能再作用于癌细胞的扩散。再次，Ω-3 脂肪酸能够让癌组织的细胞膜变得更为不饱和并易于破坏。

最近研究发现，亚油酸可以帮助癌细胞带上防止自然死亡的基因。而亚麻酸则能促进癌细胞的自然死亡，并通过阻止溶解基底膜所必需的胶原酶的产生，来阻止癌细胞的扩散。

（3）击退肥胖症和糖尿病　防止肥胖，更为有效的方法是食用含有适量单不饱和脂肪酸及 Ω-3 脂肪酸的膳食。

一般认为，膳食过度，进食热量高，食用脂肪多，是肥胖的根源。但是，曾经称之为"以色列之谜"的事实是，摄入热量及脂肪都较少的以色列人，他们患肥胖症及糖尿病的比例甚至比美国人还要高。研究发现，很可能与他们过多食用高亚油酸油类有关。这个民族消耗的亚油酸比世界上任何一个民族都多，比美国人多8％，比大多数欧洲人多10％～12％。只有保持膳食中脂肪酸比例的适当，人体的新陈代谢才会更加正常，而发生肥胖、糖尿病的概率也就会降低。

（4）改善思维　大脑组织当中，50％～65％的固态物质是脂肪。有证据表明，体内 Ω-3 脂肪酸含量多，或者食用 Ω-3 脂肪酸补充剂可以提高孩子和成人的智力水平。吃富含 Ω-3 脂肪酸的鱼多的人不易出现老年痴呆，而摄入 Ω-6 脂肪酸高的人则易于发生精神错乱。

Ω-3 脂肪酸对于胎儿大脑的正常发育也是必不可少的，尤其是在妊娠期的最后 3 个月，胎儿大脑快速发育，急需供应大量的 Ω-3 脂肪酸类物质。没有足够的 Ω-3 脂肪酸的供给，就无法形成健康的大脑，而且神经系统一旦形成以后，就再也没有办法修补因缺乏 Ω-3 脂肪酸而造成的损伤。

（5）调节免疫系统　以 Ω-3 脂肪酸补充剂来治疗免疫失调，其结果令人振奋，在有些病例中，甚至挽救了病人的生命。研究表明，摄入更多的 Ω-3 脂肪酸可以调节人体免疫系统，从而对以下疾病产生积极的治疗作用：慢性炎症，自身免疫性疾病，风湿性关节炎，哮喘，早老性痴呆，慢性阻塞性肺病，慢性胃炎，溃疡性结肠炎，牙龈炎，肾病，系统性红斑狼疮，痛经，牛皮癣，骨质疏松症等。

二、欧米伽膳食的基本原则

阿尔特米斯·西莫普勒斯博士创导的"欧米伽膳食"，其最大特点是：饮食以单不饱和脂肪酸为主（大于80％），作为必需

脂肪酸的 Ω-3 脂肪酸与 Ω-6 脂肪酸的比例保持在 1∶4 以上。因为这样的饮食,心脑血管可以得到最好的保护,一些慢性疾病,如高血压、高血脂、糖尿病、心脑血管病、肥胖、抑郁症、癌症等,可以得到有效的抑制。坚持"欧米伽饮食",是人类延年益寿最重要的手段。

"欧米伽膳食"的七项原则是:

1. 食用富含 Ω-3 脂肪酸的食物,如多脂鱼(鲑鱼、金枪鱼、鳟鱼、鲱鱼、鲭鱼),核桃,亚麻籽及绿叶蔬菜。或者,如果你愿意的话,可以服用 Ω-3 脂肪酸补充剂胶囊。

2. 把茶油和橄榄油等富含单不饱和脂肪酸的油类当作主要脂肪来源。

3. 每天吃 7 份以上的水果和蔬菜。

4. 多吃植物蛋白,多吃豌豆、大豆和坚果。

5. 避免食用饱和脂肪。如果你吃肉的话,请吃瘦肉,不要吃肥肉;如果是奶制品,请尽量用低脂产品代替全脂产品。

6. 避免诸如玉米油、红花油、花生油、葵花籽油、大豆油及棉籽油之类的富含 Ω-6 脂肪酸的油类摄入。

7. 尽量少吃冰淇淋、植物油制的起酥油、现成的酥皮点心、热油煎炸食品、大多数快餐、套餐及方便食品,以减少反式脂肪酸摄入。

西莫普勒斯博士断言:"欧米伽膳食比其他任何一种心脏病膳食、心脏病药物、心脏病调养计划或是上述三者的综合,都更能有效地挽救生命"。

第二节 茶油的保健功能

20 世纪末以来,在美国营养学家阿尔特米斯·西莫普勒斯博士"欧米伽膳食"理论的指导下,中国也加强了对山茶油保健功能的研究,发现山茶油是可以与橄榄油比美的优质食用油,其油脂组成的主要特点，基本符合欧米伽膳食标准，保健功能极其明显。

一、茶油的特点

1. 单不饱和脂肪酸含量高　到目前为止，世界上最主要的食用油当中，茶油是单不饱和脂肪酸含量最高的，油酸比例一般可以稳定在80％左右（表1-1）。

2. 脂肪酸组成接近欧米伽膳食标准　茶油的不饱和脂肪酸的总含量可以稳定在90％左右，饱和脂肪酸的比例一般低于8％，亚麻酸与亚油酸的比值，可以维持在1∶9左右。

3. 茶油内含有丰富的保健成分　普查发现，花生油产地常见肝癌高发状态。这种现象，往往与花生油内常含有黄曲霉素有关。但是，对茶油的反复测定证明，茶油内绝对不含黄曲霉素。

表1-1　常见食用油的脂肪酸组成

油类	棕榈酸16:0	棕榈油酸16:1	硬脂酸18:0	油酸18:1	亚油酸18:2	亚麻酸18:3	花生酸20:0	鳕油酸20:1	山嵛酸22:0	芥子酸22:1	其他
茶油	8.5		1.5	78.8	10.0	1.1					0.8
豆油	11.1	1.5	3.8	22.4	51.7	6.7	0.4	0.1	0.6	0.7	0.8
菜籽油	4.0	0.1	1.3	20.2	16.3	8.4	1.6	3.9	6.2	34.6	3.0
花生油	12.5	0.1	3.6	40.4	37.9	0.4	1.0	0.3	1.4		0.9
胡麻油	6.6		2.5	17.8	37.1	35.9	0.4				
葵花籽油	6.2	0.1	6.2	19.1	63.2	4.5	0.1		1.5		0.4
辣椒油	30.7		4.4	34.7	26.6		0.3				1.5
棉籽油	18.9	0.8	4.5	25.2	44.3	0.4	0.3	0.6		0.4	1.3
米糠油	17.3	0.3	1.7	43.3	33.2	3.1	0.4		0.2		0.5
芝麻油	9.8	0.1	5.0	38.0	4.6	0.3	0.4	0.1	0.1	0.1	0.2
文冠果油	5.9		2.0	30.9	47.6			6.4		7.2	
核桃油	5.3	1.4	2.7	14.3	64.0	12.2	0.5				
山核桃油	5.4	0.2	2.0	74.0	16.3	1.6					0.5
松籽油	7.8		2.9	37.7	34.7	11.0	0.7	2.0			3.2
榛子	4.6	0.2	1.9	23.5	49.9	3.5	12.6		1.7		
板栗	14.5			30.1	45.0	10.5					
橄榄油	3.5		5.0	69.0	12.3	1.0	0.6	0.4			1.1
油棕油	37.7		4.3	44.4	12.1		0.2				

茶油不但不含对人体健康可能造成危害的黄曲霉素等物质，还含有许多对人体健康有益的物质，如茶多酚、山茶苷、山茶皂苷、维生素E、甾醇等。而茶多酚、茶皂素这些成分还是茶油所特有的。茶多酚能够有效地阻止物质的过氧化反应，既能有利于茶油的贮藏，也能增强人体的抗衰老、抗肿瘤能力。山茶苷有强心作用，山茶皂苷有溶血栓作用。

据世界卫生组织调查，中国南部尤其是广西巴马、江西婺源、浙西山区居民心血管疾病死亡率最低，在历史上都是长寿之乡。其主要原因，可能是他们长期食用茶油。

二、茶油的保健作用

1. 抑制过氧化，抗衰老 茶油的抗衰老能力，主要源于它富含维生素E，俗称生育酚。维生素E是一种细胞调节因子，能够阻止肿瘤细胞增生，调节分化，延缓肿瘤发生。维生素E可用于防治习惯性流产、先兆性流产和不育症等。医学证明，它也是冠心病、动脉粥样硬化、贫血、脑硬化、肝炎、癌症等的辅助药物；由于维生素E能抗氧化，它还是食品的防腐保鲜剂，保健品和化妆品的抗衰老添加剂。合成的维生素E并不是严格意义上的生育酚，而是生育酚的醋酸酯，生物活性远不及天然维生素E。合成品中的杂质对人体潜在的危害，使得人们更青睐于天然的维生素E。另外，维生素E有助于治疗威胁母婴健康的妊娠高血压综合征（简称妊高征）。据湖北省妇幼保健院的研究，妊高征患者血清和胎盘血中过氧化脂质含量明显高于正常妊娠，可能与消耗过多的维生素有关。

茶油的抗衰老作用，还由于它能促进内分泌系统的活动，有效提高生物体的新陈代谢效率，改善血液循环，提高胃、脾、肠、肝和胆等多种内脏器官的功能。

2. 防治慢性疾病 人们日常食用的植物油和动物油脂中，含有大量的芥酸、饱和脂肪酸和胆固醇，均属于人体难消化的成分，能长期存在于血液中，引起血脂升高。长期食用茶油，能够有效地降低血液当中的低密度胆固醇含量，同时又能提高高密度胆固醇含量，清洁血液、降低血液黏度、降低血脂，并平衡降压，可以有效地预防动脉硬化、高血压、心脏病、心力衰竭、肾衰竭、脑出血等疾病，还能有效预防胆结石，对胃炎、十二指肠溃疡、便秘以及因高血压或血管阻塞引起的偏头痛也有一定治疗作用。

20 世纪 80 年代，中国预防医学科学院营养与食品卫生研究所对我国 49 个县居民的调查表明：红细胞膜的油酸含量与冠心病死亡率呈显著的负相关，认为油酸的高摄入量是血小板聚集率减低的一个原因。广东食品卫生监督研究所邓平建等人曾观察了118 例 35～55 岁的健康男女摄食茶油 40 天的血脂情况，发现茶油具有显著的降 TC、甘油三酯、升高 HKL－C 和舒张血管和抑制血小板黏附和聚集的作用，还能升高红细胞变形力。上海第一医科大学教授邵玉芬研究发现，富含油酸的野山茶油对高血脂动物，具有降低胆固醇、甘油三酯以及低密度脂蛋白胆固醇的作用，还有升高高密度脂蛋白胆固醇的趋向。

随着人类生活的改善，肥胖又成了一项公害。普通食用油进入人体后，其未消耗部分会聚集在体内转化为脂肪，导致肥胖，并诱发其他疾病。茶油则具"不聚脂"的特性，它的单不饱和脂肪酸，在体内很容易在酶的作用下被分解，形成生命活动所需要的能量，可以有效地阻断脂肪在内脏及皮下的沉积，防止肥胖。

血糖升高，往往是糖尿病的前奏。长期食用茶油，能帮助我们解决这个后顾之忧。最新研究结果表明，健康人食用茶油后，体内的葡萄糖含量可降低 12％。可见它是很好的预防和控制糖尿病食用油。

钙的流失也是当今人们十分关心的保健要点。茶油能促进钙的吸收，帮助骨骼生长，所以也能在骨骼生长和防止骨质疏松方面起积极作用。

3. 抗癌防变 茶油的脂肪酸组成，接近于欧米伽膳食标准，它所富含的不饱和脂肪酸，不但能有效地保护心脏，它的亚麻酸成分还能有效地抗癌防变。长期食用富含油酸的茶油，居民中冠心病及癌症患者都极少。

茶油还是含硒最为丰富的食用油之一。溶解在茶油中的这些硒，也最能为人体所利用，所以，它能够在预防和治疗乳腺癌、前列腺癌、结肠癌、子宫癌方面发挥重要作用。

经常吃茶油的人，对辐射的抵抗能力也比较强。所以，它已被用来制作太空食品。

4. 保护皮肤和发质 茶油内所含的维生素 E 和抗氧化成分，能够有效地保护皮肤，尤其能防止皮肤损伤和衰老，使皮肤具有光泽。

用精炼的茶油涂抹头发，可以直接改善头发的营养，使头发保持乌黑的光泽，所以，茶油可以直接用作化妆品，并用于药品生产。

5. 适于妇婴保健 茶油是最近似于人奶的自然脂肪，便于消化吸收，在提高母体各种功能的同时，也能直接补充胎儿肌体生长发育所需要的各种营养成分，对于增加母体的肌体耐力，维护骨骼、心肌和心脑血管系统的正常功能，保证胎儿的正常发育，特别是保证胎儿神经系统和骨骼系统的正常发育，并防止产生产后肥胖和产后骨盆疏松等具有直接的作用。在台湾和福建，女人怀孕养孩子一定要吃野山茶油，台湾人称野山茶油为"月子宝"。

传统医学对山茶油的医疗保健作用也早有较详尽的论述。古籍《本草纲目》《农政全书》，1995 年出版的《中国药典》上都有相关的记载。

三、茶油与橄榄油生产的比较

1. 油茶土生土长 长期以来，橄榄油一直是世界上最为推崇的食用油。橄榄油的生产，也一向为世界各国所重视。近百年来，油橄榄的种植已经从原产地地中海一带推广到了非洲、南美洲、北美洲、大洋洲以及亚洲等地。到 20 世纪 70 年代，全世界油橄榄树的栽培面积已经有 700 多万公顷，共 8 亿多株，1974 年产果 780 万吨，有 56 万吨用于加工果实制品，724 万吨用于榨油，产油 147 万吨，居各食用植物油产量的第六位。

在这一世界性引种浪潮中，我国也曾耗费了大量的人力物力。仅 1964 年开始的一场油橄榄引种中，我国就曾在全国 13 个省、自治区布点，数以千计的人员参与，延续了 20 多年努力，最后多数归于失败，只有在川北、汉中和陇南一带取得了基本成功，开始形成了一定的规模化生产。全国已经保存有油橄榄树 1 200 万株，其中四川 500 万株左右。甘肃陇南建有我国油橄榄投产面积最大的基地，保存面积 6 000 多公顷，年产橄榄油近万吨。

油茶是我国的特产树种，适应范围广，栽培面积大，可以发展的空间远远超过油橄榄。在突破了品种和关键技术之后，我国的油茶产业必定会有一个飞速的发展。

2. 茶油的突出优点 特别需要指出的是，我国的茶油，在保健功能方面，除个别指标略逊于橄榄油，多数指标均优于橄榄油。所以，努力发展我国这一特产，可以为世界食用油生产做出重大的贡献。

（1）单不饱和脂肪酸最高，保护心脏的功能最好 中国茶油，其单不饱和脂肪酸的含量是所有食用油中最高的，一般比橄榄油高出 10%～20%，不饱和脂肪酸的总量也比橄榄油高 10% 左右。饱和脂肪酸的含量，也以茶油为低。就脂肪酸组成方面的特点，茶油优于橄榄油。

（2）含有特殊的活性物质，保健功能独特 山茶油中含微量山茶苷、山茶皂苷、茶多酚等在橄榄油中没有的活性物质。其中山茶苷有强心作用，山茶皂苷有溶血栓作用，茶多酚有降低胆固醇、预防肿瘤作用。老年人食用山茶油尤为得益。

茶油富含维生素 E 和钙、锌等微量元素，被医学家和营养学家誉为"生命之花"的锌元素，含量是大豆油的 10 倍。锌的生理作用：①它是人体中 200 多种酶的组成部分。②促进机体的生长发育和组织再生。它对于胎儿的生长发育很重要。妊娠期间甚至短时期缺锌，可使大鼠的后代发生先天性畸形。③促进食欲。④锌缺乏导致味觉迟钝。⑤促进性器官和性机能的正常。缺锌使性成熟推迟，性器官发育不全，性机能降低，精子减少，第二性征发育不全，月经不正常或停止。在西方，锌被誉为"夫妻和谐素"。⑥保护皮肤健康。⑦参与免疫过程。

茶油内所含的维生素 E，是橄榄油的 2 倍。

（3）茶油适宜于长期贮藏 油茶产区的农民都知道，机榨茶油，清除杂质和水分之后，可以在常温下保持 20 年不变质。这里的关键是要清除初榨时可能残留的水分和杂质。而这种水分和杂质的清除，可以通过静止或离心分离等普通方法实现。

目前油脂的精练，一般采用碱处理脱酸、脱色和脱臭等完成。这样处理虽然效果很好，但是对于茶油的品质也会有所影响，主要是在脱除一些有害物质的同时，也会使其中对人类健康有益的一些物质受到破坏，茶多酚、山茶苷、山茶皂苷也会基本消失，其结果是，茶油将会失去其原有的独特香味。开封后，茶油也会迅速氧化、变质。经过碱处理的精制茶油，最好能够在开封后 2 个月内食用完。

为了保持茶油的品质，使其更好地为提高广大人民的健康服务，茶油精炼必须改革。应当尽量采用物理方法做好脱水、去杂和防止酸败等工作。

优质茶油的生产当然也与茶籽的质量有关。新品种就是以单不饱和脂肪酸含量特别高为主要特点的，采收后也极易开裂。只要掌握适时采收，就可以收获最优质的油茶籽，这就保证了初榨油的品质。在新品种推广应用过程中，适时采收茶果不仅果油率可以稳定在 6.3% 以上，榨出的茶油，清澈见底，所以，出售价比当地普通茶油高出 20%，还供不应求。

茶油的最大不足是其亚麻酸含量偏低，亚麻酸与亚油酸二者的比值在 1∶9 至 1∶10 之间，与欧米伽膳食标准尚存在一定差距。欧米伽膳食要求二者比值在 1∶4 以上，最好能够达到 1∶1。所以，单纯地食用茶油也可能出现健康问题。由于一般蔬菜均含有丰富的亚麻酸成分，相当多的水产品也含较高的亚麻酸成分，所以烹饪过程中茶油的亚麻酸成分不足问题有可能得到缓和。

第三节 生态效益与经济效益兼顾

发展油茶，不仅能够提供保健油，还能在保护生态环境和推进乡村振兴方面发挥重大作用。

一、优良的生态经济林树种

油茶是生命力极强的树种。它有 96 条染色体，基因组成极其复杂，所以对于自然环境的适应性也特别强。

油茶树，特别耐瘠薄。即使种在成土母质上，只要提供足够的哪怕是生活废弃物垃圾，也可以长成健壮的植株，并正常开花结实。

油茶树，特别耐荒芜。油茶树长大之后，即使长期荒芜，也不会全株枯死。它可以在荒芜的林间、树丛当中继续生长并开花结实。

油茶树，特别容易实现更新，即使多次砍伐，仍然能够从基部重新萌芽，并迅速形成新植株。自然成熟掉落在林间的种子，也能迅速长成新的植株，实现林间的天然更新。

油茶树还特别耐火烧。所以，在一些革命老区，山林经过了大砍大烧之后，油茶树总是首先恢复生机。而在经常出现的森林火灾中，一些地方也正是有了油茶树的保护，或者由于油茶树与木荷树的配合，才使山火最后得到阻止。

油茶就是这样的一个可以在生态环境保持中起到极其重要作

用的好树种。在适宜油茶生长的地方，它应当是立地条件较为恶劣的地段营建高效生态经济林的首选树种。

二、新农村的绿色油海

我国农村目前正在开展以发展生产为主要内容，以城乡一体化为主要指标的社会主义新农村建设。油茶在这场变革中，可以发挥极其重要的作用。

新农村建设应当以有高度生产力为主要内容。栽植油茶新品种，建设绿色油库，不仅可以获得直接经济利益，还能保持环境的绿化和美化，同时就地解决好广大农民的食用油供应。

在新品种推广的许多地方，农民从这些丰产的油茶树上看到了希望，迫切要求种植这些新品种。有位农民兄弟对我们讲，他就是要种我们这些新品种油茶。他说，自己只要种 200 株，就能保证每年有 100 千克油，家里的油缸就满了，一年吃的油也不用愁了。

可见，推广油茶新品种，是一件与社会主义新农村建设直接有关的大事。随着油茶新品种的推广，我国南方广大农村的面貌定会发生日新月异的变化。

我国是个多山的国家。山区建设与国家发展的关系特别密切。一般山区，人均耕地不多，但山地不少。即使是人多地少的浙江山区，人均占有山地面积也在 30 亩以上。而且越到深山，人均山林面积占有量越大。如果，每人能够发展 10 亩新品种油茶，平均亩产油稳定在 25 千克，每年可以收获茶油 250 千克，单是茶油一项的人均收入就能够超过 5 000 元。所以，单是从发展经济这个角度讲，推广油茶新品种产生的效益也是极其可观的。

第二章

油茶新品种

　　我国的油茶生产，长期以来一直处于半栽培状态。全国大面积油茶平均的亩产量，一直维持在 3 千克油左右的低水平上。新中国成立后虽然经过多次低产林改造，产量略有上升，但仍然没有摆脱低产低效的面貌。

　　油茶产量长期不能提高的原因众多，但最主要的原因还是品种低劣。所以，油茶科研一直是以改良品种为中心开展的。20世纪 60 年代以来，我国开始大规模选育油茶优良无性系。特别是 1972 年以来，开展了全国规模的油茶选优工作，逐步筛选出一大批能够保持高产稳产特性的优良无性系，通过反复多次筛选和生产性栽培试验，现在已经实现了优中选优，确定了一批正在大规模推广的油茶新品种。

第一节　品种来源

　　我们在这里介绍的油茶新品种，一般都经过了 30 年的生产性考验，已经通过了多次无性系测定比较，在生产上形成了一定的规模，是得到了实际生产证实的，也是优中选优的结果。

　　这些油茶新品种，最早从 1972 年开始选育。

一、选种出发点

　　1971 年，中国农林科学院安吉科技服务队的科技人员，应安吉县南湖林场的邀请，开始了油茶低产原因的摸索，同时开展了油茶选优。

浙江省安吉县南湖林场，20世纪70年代有油茶2万多亩。这批油茶都是新中国成立以后种的，林相整齐，长势很好，株行距3米，每亩有油茶74株，基本上不见缺株，开花时白茫茫一片，单是看这些植株的长势和开花，一般人总认为亩产10千克油不在话下。但是，当地的油茶，每年每亩只能产3～5千克油，表现为特别低产。为了研究当地油茶特别低产的原因，我们在南湖林场12中队长期蹲点，开始了低产原因的全面探索。

1. 定点定株采收 为了搞清当地油茶产量的基本规律，我们在一片有代表性的油茶林内，对300株油茶树，连续多年作了单株采收。

采收结果表明，实生油茶树的产量，单株之间变异极大。在同样的生长管理条件下，有的单株可采果10千克以上，最高可超过20千克，有的则颗粒无收。300株树当中，颗粒无收的，竟有12株；挂了几个果，分量不足0.5千克的，共有64株。300株树中，只有114株树的产果量超过了平均产量，占37.3％。这114株树总产茶果350.2千克，占全林总产量的73.5％。其中株产茶果超过2千克的，有93株，总产茶果317.1千克，占全区产量的65.6％。即占全区植株不足1/3的植株，提供了全林2/3以上的产量。

以后，我们又发动全国各地的有关人员，也作了定片、定株的连续采收，也得到了基本类似的结论，即实生油茶林的产量，往往是由约占全林1/3的植株提供的。

2. 花期与坐果率 开花累累，很少结果，究竟是什么原因造成"花而不实"？1971年起，我们对不同时期开花的油茶植株，分别标定了坐果率。

一开始，我们选定两个地点，以盛花期在10月下旬前、11月上中旬和11月中旬后为界限，划分为早花、中花和晚花三种类型，每种类型在每个点先各标定 5 株树，逐株点花，并于第二年 3～4 月再逐株点果，最后实际采收点果数称重量。以后两年，我们又扩大试验，每种类型各观察 20 株。连续三年，共数花 10 万余朵，其中早花类型数花 27 174 朵，结幼果 8 095 个，平均坐果率 29.79%；中花类型数花 40 597 朵，结幼果 7 219 个，平均坐果率 17.18%；晚花类型数花 36 133 朵，结幼果 3 273 个，平均坐果率 9.06%。

开花期的早晚不仅直接影响坐果率的高低，对于已经形成的幼果能否继续发育成为最后的果实，仍然以早花类型表现为最好，开花太迟的油茶花由于受精不良，落果率也特别高。

坐果率和保存率的变化，在冬季气温较低的 1971—1972 年度，表现得最为突出（表 2-1）。

表 2-1 1971—1972 年度的观察和采收结果

地 点	试验地			鸡棚处		
花期	早	中	晚	早	中	晚
总花数	3 763	5 486	6 571	2 443	5 568	4 477
幼果数	1 721	603	153	621	663	101
坐果率（%）	46.0	11.0	2.3	25.4	11.9	2.3
最低坐果率	33.7	6.1	1.1	16.52	5.5	0
最高坐果率	64.6	18.3	4.0	41.9	23.0	3.7
采果数	1 294	448	100	426	437	27
落果数	472	155	53	195	226	74
落果率（%）	27.5	25.7	34.7	31.4	34.1	73.3
产果（千克）	26.6	15.0	3.7	6.0	6.6	0.4

注：每块地内各类型选树 5 株。每年清点花数，4 月调查坐果率，采收时实测果数并称重（千克）。早花类型试验地内有一株发病严重，鸡棚处的 2 株感病严重，病株落果率高。中花类型和晚花类型，主要表现为前期生理落果多，明显与授粉受精不良有关。鸡棚处早花实产小于中花，主要是树体小，加上有 2 株严重感病。

3. 对低产株的花期分析 为了深入研究低产与花期的关系，我们对定点定株采收区的低产植株的花期也作了逐株调查，发现

1972年产量少于0.5千克的，晚花及中偏晚类型占了2/3，而当年产量大于0.5千克的，早花及中偏早类型占到将近2/3以上。

定株采收的两片试验区内，株产小于0.5千克的，一共有47株，10月25日前试花者7株，25日后试花的40株，前者占14.9%，后者占85.1%。由此可见，产量越低，晚花类型占的比例越高。

1973年采收后，我们对1972年采收时的低产株（<0.5千克）在第二年的表现作了分类，在1972年单株产果量小于1千克的83株当中，1973年有41株的单株产果量超过了2.5千克，占到近一半。其中有24株单株产果量超过了5千克，占了将近1/3。这将近一半植株，特别是这24株树，1972年产量较低大概率是由大小年引起的。

最后的结论仍然是，花期的早晚，与植株的产量之间存在着最直接的相关性。开花太迟，授粉和受精条件不良，是当地油茶品种不佳最主要的原因（表2-2）。

表2-2 不同开花日期的坐果率

开花日期	授粉与否	总花数	结果数	坐果率（%）
9月下旬至10月上旬	人工授粉	74	30	40.5
	自然授粉	44	3	7.0
10月中旬	人工授粉	120	85	70.8
	自然授粉	133	59	44.4
10月下旬	人工授粉	72	51	70.8
	自然授粉	142	71	50.0
11月上中旬	人工授粉	90	54	60.0
	自然授粉	125	30	23.2
11月下旬	人工授粉	450	95	21.1
	自然授粉	112	10	8.9
12月上旬	人工授粉	161	31	19.2
	自然授粉	97	7	7.2

4. 落果原因分析 油茶经过授粉受精形成果实之后，在果实发育期间，还会因各种原因产生落果，有时，这也会大幅度引

起油茶产量的降低。为此，我们还专门安排了试验，对不同时期的落果原因作出分析。

从发病情况和产量分析，我们选择了一片最有代表性的试验林，面积 15 亩，共有油茶树 1 072 株。1972 年 8 月 11 日调查，发病率 10.1%，病情指数 3.0%。9 月 18 日调查，发病率增加到 25.6%，病情指数也增加到了 8.7%。全区当年总产量 1 486.0 千克茶桃，平均亩产 99.1 千克，是当地产量和发病情况最有代表性的一片林地。

表 2-3　试验地落果调查与原因分析

日　　期	落果原因	非重点病株		重点病株		小　计	
		落果	占%	落果	占%	落果	占%
8 月 18~20 日	生+机	1 671	53.9	95	11.3	1 766	44.8
	病	116	3.7	686	81.3	802	20.4
	虫	1 314	42.4	62	7.4	1 376	34.8
8 月 31 日	生+机	239	17.9	0	0	239	16.3
	病	372	27.8	124	96.9	496	33.8
	虫	727	54.3	4	3.1	731	49.1
9 月 9 日	生+机	383	13.2	16	5.4	399	12.6
	病	2 000	68.6	228	93.4	2 228	70.5
	虫	531	18.2	3	1.2	534	16.9
9 月 20 日	生+机	413	13.6	8	5.3	421	13.2
	病	2 080	71.6	143	94.7	2 223	69.6
	虫	550	148	0	0	550	17.2
9 月 29 日	生+机	291	12.6	8	5.9	299	12.2
	病	1 788	77.1	126	93.3	1 914	79.8
	虫	239	10.3	1	0.8	240	9.8
总　计	生+机	2 997	23.6	127	8.4	3 124	21.0
	病	6 356	49.9	1 307	86.9	7 663	54.9
	虫	3 361	26.5	70	4.7	3 431	24.1

注：8 月中旬前，地面很少见到落果。8 月 18 日，因台风吹落 1 390 个果，占当时落果数的 36.2%。生+机，即生理加上机械损伤落果。病主要是炭疽病，虫主要是避债蛾。

试验地内落果总数为 14 218 个，折合产量为 142.8 千克，占到当年全林产量的 8.9%。

据观察，除了3～4月显果前有一次生理落果盛期外，5～7月是很少落果的，8月起落果又会逐渐增加。

由表2-3可见，8月中旬前主要是生理落果和机械损伤落果，8月下旬主要是虫害落果，9月主要是炭疽病落果。生理和机械落果是先多后少，炭疽病落果是先少后多，而避债蛾引起的落果，则基本上维持在同一个水平上，即每20天每株树要被虫吃掉一个果。

综上所述，炭疽病落果对于当地的产量影响较大特别是重点病株，最高的几乎百分之百掉落。但从全区讲，炭疽病落果引起的产量降低还不是主要的，只占4.9％。各种原因引起的落果也只占整个产量的8.9％。所以，落果并不是当地油茶低产的主要原因。

二、油茶选优标准的确定

1. 初选和复选标准 根据对油茶产量变化规律的初步研究，我们认为，油茶优良单株的选择具有广阔的前途。如果我们把只占全林比例不到3％～5％、能够实现连年丰产的油茶树选出来，使全林的大多数植株都能达到丰产、稳产，油茶的产量一定能够得到成倍提高。改良品种应当是提高油茶产量的首要途径。

根据这一系列研究，我们于1972—1974年间提出并逐步完善了油茶选优的初步标准。

（1）高产 产量要高，进入盛果期的油茶树，每平方米树冠投影面积的产果量大于1千克。

（2）稳产 产量的年变幅较小，能够实现连年高产。要求产量的年变幅能够稳定在40％以下。

（3）优质 果实相对较大，均匀度好，最好每千克茶果数不大于60个，以利于采摘。果壳要薄，出籽率要高，要求鲜出籽率保持在40％以上，干出籽率最好超过25％。种仁发育饱满，出仁率能够稳定在60％以上，最好能够超过65％。种仁含油率高，风干种仁含油率要求超过 40%，最好超过 45%。

（4）抗病 由于炭疽病是造成大面积油茶落果的主要原因，所以特别提出，要求选育对象的炭疽病感病率在 3% 以下。

考虑到油茶花期和油茶果实成熟期，对于油茶实际产量的影响，选优时我们还特别关注了油茶的花期和成熟期。早花早熟，也是我们进行油茶选优的先决条件。

初选后，要进行复选。通过 3～4 年评选，最后选出了 12 - 1、12 - 6、12 - 12、12 - 40、9 - 8、8 - 1、51 - 28 等一批优良无性系。

2. 优中选优的标准

（1）基本界线的确定 根据多次小试的结果，在我们通过决选的众多无性系内，有两个无性系正好代表了两个界线。一个是基本丰产线，一个是高产标准线。

长林 18 号，即初选 9 - 8，曾经以大果寒露 1 号上报浙江省林木种苗站。该无性系开花早，果实红而大，实生后代当中出现优良后代的比例高，用于大树改造表现好，芽苗砧嫁接苗长势中等，结果正常，产量稳定，一般亩产油在 30 千克以上。我们将其列为基本丰产的无性系标准。

长林 40 号，即初选 12 - 6，它曾以大果寒露 2 号上报浙江省林木种苗站。该无性系长势旺，幼年植株高大，投产后树冠自然扩张，特别丰产，原树曾有过株产 1.6 千克油的高产纪录，在各地的试验当中，都表现为特别丰产，10 年生左右的植株，可以稳定产油 0.5 千克以上，亩产油可以达到并超过 50 千克。我们将其列为特别丰产的无性系标准。

（2）生产性检验 作为生产上可以推广的优良品种，必须经受过生产性检验，在生产上能够真正实现丰产稳产。

通过近 30 多年的推广，现在我们已经建成了高产无性系试验林 1 万多公顷。凡是通过生产证明其确实具有高产稳产特点，可以正式应用于生产的，我们才确认其作为新品种推荐。

三、油茶的无性系测定

1978—1979 年，我们突破了油茶大树嫁接关，明确到只要抓住嫁接时间、接穗选择、壮砧培育、紧密绑扎、塑料保湿、箬壳遮荫等技术关节，就能使油茶大树的嫁接成活率稳定在 90％以上。

利用该项技术，我们首先在浙江南湖林场和浙江安吉县林科所，建立了两片面积各在 1 公顷以上的油茶无性系比较试验林，对已经决定选择的 14 个无性系，进行了无性系测定。

1985 年，根据进入丰产期后连续四年采收的实际结果，初步筛选出了 9 - 8、12 - 6、12 - 1、606 等多个无性系。

1979 年，我们突破了芽苗砧嫁接技术，开始了油茶无性系的大规模繁殖。利用油茶芽苗砧嫁接苗，我们先后在浙江富阳、江西茅岗、江西分宜建立了多片油茶无性系比较试验林。通过这些林分的比较，我们在再次肯定 12 - 6、9 - 8、12 - 1 等优良无性系的基础上，又肯定了 51 - 28、12 - 12、长林 4 号、长林 3 号、长林 166 等优良无性系。经过对长埠林场生产性试验林内表现较好的油茶无性系连续 3 年采收，1995 年在江西省内又推出了 12 - 12、12 - 6、9 - 8 等 18 个油茶优良无性系。

在以上各项工作的基础上，2007 年我们优中选优，最终认定了 5 个主栽无性系，5 个配栽无性系。其中，至少有 8 个无性系是可以大规模应用于生产的。这些无性系已经得到广泛推广，形成了相当大的栽培面积，对他们的适应能力和丰产状况也已有了比较深的了解，这些无性系已经形成了生产上可以应用的品种。

第二节　品种特点

一、主要特性

1. 早花早熟，高产稳产　几个油茶新品种的基本情况见表 2 - 4。

表 2-4　几个新品种的基本情况

初选优树号		9-8	12-6	12-1	12-40	8-1
中试编号（长林）		18	40	23	55	27
产量	统计年份*	75-79	72-79	72-79	72-75	72-79
	株产果（千克）	11.40	12.20	9.80	6.50	15.10
	冠投影（米^2）	7.54	7.26	8.80	5.30	11.34
	平均（千克/米^2）	1.50	1.68	1.12	1.22	1.33
开花期**		10月初	10月下	10月下	10月上	11月上
果熟期**		10月中	10月中	10月中	10月上	10月下
主要经济性状	千克果数	58	68	62	82	74
	千克籽数	446	552	714	386	434
	鲜出籽率（%）	44.5	39.4	40.5	35.4	41.2
	干出籽率（%）	25.2	20.7	22.0	20.4	19.4
	出仁率（%）	61.8	63.1	57.2	68.2	69.7
	仁含油率（%）	48.6	50.3	49.7	53.5	48.6

注：＊75-79 指 1975—1979 年，以下同。

＊＊开花期、果熟期的上、中、下，指上旬、中旬、下旬。

2. 有很高的自然坐果率　安吉小试当中，由于注意了花期搭配，主要中选的无性系都有极高的坐果率，与实生油茶相比，平均坐果率最少提高了 13 个百分点，最多提高了 26 个百分点，增加的相对比例，分别达到了 35.2% 和 70.5%（表 2-5）。

表 2-5　几个新品种在安吉小试中的坐果率（%）

无性系	中试号	1981—1982	1982—1983	1983—1984	1984—1985	平均	总标花数
12-6	40	72.2	61.9	43.7	37.8	49.9	1 275
9-8	18	70.8	32.4	68.3	64.7	59.1	1 247
12-1	23	82.8	67.8	50.2	50.7	62.9	844
8-1	27	60.1	70.2	35.6	26.0	48.0	919
12-40	55	78.6	48.5	41.5	73.5	60.5	1 236
实生对照		43.5	46.6	22.0	35.3	36.9	1 991

二、产量分布规律的改变

1. 产量分布接近于正态分布　新品种油茶的产量分布，基本上接近于正态分布，这与实生油茶产量的分布规律存在明显的区别（表2-6，图2-1）。

表2-6　几个新品种的单株产量分布

等级	0	1	2	3	4	5	6	7	8	9	10	11	12	13	14	15
9-8	1	2	0	2	3	6	8	6	3	3	1	1				
12-6	0	3	0	2	1	4	3	2	3	2	2	4	2	4	1	2
12-1	1	2	3	3	4	2	2	7	5	1	0	1				
606	1	2	1	2	8	8	4	2	1	0	0	2				
小计	3	4	6	10	13	18	19	16	13	5	3	5	4	4	1	2
实生	1	1	23	25	23	22	16	10	3	1	2	1				

注：等级，即产量等级，0，指小于1千克；1指1千克至1.9千克；2指2千克至2.9千克，以此类推。小计是四个无性系的合计，实生指保留的实生树的产量变幅。

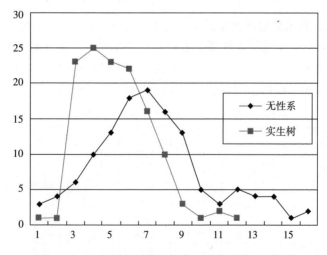

图2-1　油茶无性系和油茶实生树产量分布的比较

注：实生树，低产株占的比例极高，分布呈现偏态状；无性系产量分布接近于正态分布，产量高的植株占的比例较多。

2. 产量影响因子的分析　采用油茶新品种造林，对油茶产量造成影响的因子，也有了明显变化。由于我们选种时强调了早花早熟，所以花期的影响已经让位于别的因子。同样，由于我们选种时强调了病果率不能高于 3％，所以，由病害引起的油茶产量方面的降低，也减少到了相当低的程度。

由表 2-7 可见，对产量影响最大的是树高，它的直接影响达到 0.542，间接影响达到 0.121，总的影响高达 0.663。影响属于第二位的是开花期，开花早的产量高，但开花期的直接影响不大，它的间接影响较大，这就是我们所讲的早花类型结实率高，而且早花往往早熟，早熟又必然表现为种仁饱满，种仁含油率高，所以，花期对于产量的作用被列在了第二位。干出籽率和冠幅对于产量的影响基本相近，它们分别被列在第三位和第四位，接着就是种仁含油率。在这里，坐果率对产量的影响不很大，这是因为所有参加试验的无性系，花期基本相近，它们一般都有较高的坐果率，所以分析中已经看不到坐果率对于产量的影响。

表 2-7　新品种比较试验中各种因子对油茶产量的影响

因子	开花期	成熟期	树高	冠幅	干出籽率	出仁率	仁含油率	坐果率	未知因素
直接影响	−0.233	−0.108	0.542	0.167	0.283	0.142	−0.235	0.022	0.137
间接影响									
开花期	—	−0.015	0.075	0.088	0.142	0.060	0.114	−0.006	
成熟期	−0.007	—	−0.008	0.026	0.007	0.062	0.049	−0.009	—
树高	−0.174	0.039	—	0.120	0.090	0.047	0.096	−0.016	
冠幅	−0.063	−0.041	0.037	—	0.041	−0.004	0.025	0.020	
干出籽率	−0.172	−0.019	0.047	0.068	—	0.088	0.172	−0.067	
出仁率	−0.036	−0.081	0.012	−0.004	0.044	—	0.081	−0.037	
含油率	0.115	0.108	−0.042	−0.035	−0.143	−0.134	—	0.014	
坐果率	0.001	0.002	−0.001	0.003	−0.005	−0.006	−0.001	—	
小计	−0.337	−0.007	0.121	0.267	0.176	0.113	0.536	−0.101	
合计	−0.570	−0.115	0.663	0.434	0.458	0.254	0.300	−0.079	0.137

注：计算时曾保留了 6 位数，这里因为表格空间所限，只保留 3 位数。

第三节　品种介绍

一、主栽系

1. 长林 40 号（初选号 12 - 6，大果寒露 2 号）　主要表现为长势旺、抗性强，从浙江到江西的各个试验点上，都表现出了高产、稳产的特点，且极少感病。用 1 年生苗造林，6 年生时，单株产茶桃超过 8 千克，株产油量可达到或超过 0.5 千克，按照 2 米×3 米的株行距栽培，栽植第六年亩产油量就能超过 50 千克。它的主要缺点是果实大小变化大，果皮偏厚。

种实特点：果实近梨形，色泽青带红，果实中偏小，干出籽率 25.2%，出仁率 63.1%，仁含油率 50.3%。

生长特点：叶形矩卵形，枝条长，发芽期一般，叶面积指数大于 5。

开花特点：始花期 10 月下旬起，花期长 30 天。

主要鉴别特征：果有条纹，树体直立。

2. 长林 53 号（初选号 12 - 12）　长势偏弱，但粗枝大叶，枝条硬，而叶子浓密。坐果率高，果大籽大。在推广试验中，6 年生的植株单株可采茶桃 4～5 千克，亩产油量可以超过 25 千克。它的主要缺点是长势不旺，结实大小年变化比较明显，过度结实时种实质量下降并伴有大量落果。

种实特点：果实梨形，色泽黄带红，干出籽率 27.0%，出仁率 59.2%，仁含油率 45.0%。

生长特点：叶厚，宽卵形，枝条粗壮，发芽迟，叶面积指数 3～4。

开花特点：始花期 11 月初，花期长 20 天。

主要鉴别特征：矮壮，粗枝大叶。

3. 长林 4 号（初选号 81 - 20）　长势较旺，枝叶茂密，果大籽大，产量高而稳，只是皮稍厚。在推广试验中，以高产、稳产而受到欢迎。据实际采收，6 年生时，单株采茶桃 5～6 千克，栽植第六年可以达到的亩产油量超过 35 千克。它的主要缺点是有少许炭疽病危害。

种实特点：果实桃形，色泽青带红，干出籽率 26.9%，出仁率 54.0%，仁含油率 46.0%。

生长特点：叶宽卵形，枝条较粗，发芽较晚，叶面积指数 5。

开花特点：始花期 11 月初，花期长 20 天。

主要鉴别特征：叶脉白色隆起。

4. 长林 3 号（初选号 81 - 21） 长势中等偏强，枝叶稍开张。叶幕层中等。花期与长林 4 号相近。果实中等偏小，色泽偏黄，果实有尖头。产量较稳定，能基本保持连年结实。推广试验中，6 年生植株的平均产果量约 4 千克，亩产油量可以超过 20 千克。它的主要缺点是枝叶不够浓密，有少量炭疽病。

种实特点：果实尖桃形，色泽青带黄，大小中等，干出籽率 24.0%，出仁率 56.7%，仁含油率 46.8%。

生长特点：叶近柳叶形，枝条细长散生，发芽晚，叶面积指数 4 左右。

开花特点：始花期 11 月上旬，花期长 25 天。

主要鉴别特征：幼果见尖顶，枝条开张。

5. 长林 18 号（初选号 9 - 8，大果寒露 1 号） 长势偏弱，叶子浓密，花期早，成熟早，因果色鲜艳，俗称大红袍。在原产地的历次试验中，都能以高产稳产而中选。中试过程中，只要不被其他植株抑制，就能有较高的产量。特别是能在土壤较为贫瘠的山脊地带正常结实，所以这是一个较能适应贫瘠土壤的优良品种。推广试验中，6 年生的株产果量可以达到 3 千克左右，亩产油量可以超过 20 千克。它的主要缺点是长势不旺，并有少量炭疽病。

种实特点：果实球形至橘形，色泽鲜红，果实中偏大，干出籽率 25.2％，出仁率 61.8％，仁含油率 48.6％。

生长特点：叶短矩卵形，枝条中等，发芽早，叶面积指数 4～5。

开花特点：始花期 10 月上旬起，花期长 25 天。

主要鉴别特征：叶面平，花见红斑。

二、主要配栽系

1. 长林 23 号（初选号 12 - 1）　长势较旺，开花和种实成熟与长林 40 号基本同步，所以是长林 40 号的理想配栽系。果实一般于 10 月 20 日前后成熟，10 月下旬始花。果实向阳面橙红色。大小中等，高产。6 年生时株产茶桃 4.0 千克，亩产油达 40 千克。它的主要缺点是易感软腐病，成熟前有裂果，果皮稍偏厚，大小年明显。

种实特点：果实球形，色泽黄带橙红，果实大小中等，干出籽率 22.0％，出仁率 57.2％，仁含油率 49.7％。

生长特点：叶短矩卵形，枝条中等，发芽中偏晚，叶面积指数 4～5。

开花特点：始花期 10 月下旬起，花期长 30 天。

主要鉴别特征：下部 1/5 叶基全缘。近枝顶叶片直立。

2. 长林 27 号（初选号 8 - 1）　长势中等偏弱，枝条直立，粗壮，分枝较少，枝条较为稀疏。叶片宽大。果皮偏厚。花期居中。该品种对立地条件和肥培管理要求较高。土质肥沃、疏松，合理施肥，才能保证其长势旺盛，并大量结实，因抗空气污染的能力较强，适宜于土壤肥沃的地点推广应用。它的主要缺点是对土壤积水的适应能力较差，特别不适宜在黏性强、排水不良的地段种植。

种实特点：果实球形，色泽红，果实大小中等，干出籽率 21.4％，出仁率 69.7％，仁含油率 48.6％。

生长特点：叶宽卵形，枝条粗壮直立，发芽晚，叶面积指数4左右。

开花特点：始花期10月下旬起，花期长25天。

主要鉴别特征：粗枝大叶，直立。

3. 长林166号（初选号抚林9号） 长势中等，但果实均匀，种子发育良好。在茅岗的小试中名列前茅，在大岗山的试验当中，也以结实多，果实和种子均匀，种仁含油率高表现较为突出。在推广试验中，6年生的株产量可以超过5千克，按照目前推荐的造林密度，栽植第六年可以达到的亩产油量可以超过25千克。它的主要缺点是对不良环境的敏感性强，容易受到肥害，对酸雨危害也较为敏感。

种实特点：果似橄榄形，色泽鲜红，果实偏小；干出籽率23.6%，出仁率62.0%，仁含油率51.0%。

生长特点：叶柳叶形，枝条细长，发芽早，叶面积指数4~5。

开花特点：始花期10月下旬起，花期长20天。

主要鉴别特征：红果，每果种子1~2粒，少有3粒，嫩枝红芽，嫩叶背面红色。

4. 长林55号（初选号12-40） 长势较强，开花和成熟都特别早。一般10月中旬就能见花，可以作为9-8的授粉树用于栽植。由于果实成熟早，种仁含油率也高。因为发芽特早，只要提前育好砧苗，4月中旬就能开始嫁接。嫁接成活率高，长势好。定植后苗木生长良好。结实后长势会迅速转弱。推广试验中，6年生的植株单株产果量约1.5千克，亩产油量也可以接近15千克。它的主要缺点是成熟过早，难于与其他无性系同步采收，果皮偏厚，并有少量炭疽病。

种实特点：果实桃形，色泽青带红，果实中偏小，干出籽率21.8%，出仁率68.2%，仁含油率53.5%。

生长特点：叶宽矩卵形，枝条细长密生，发芽特早，叶面积指数 4 左右。

开花特点：始花期 10 月初起，花期长 25 天。

主要鉴别特征：发芽特早，叶面扭曲。

5. 长林 21 号（初选号良 16）　　长势中等，早花早熟，是长林 18 号的主要配栽系。由于树体长势不够旺，株产量也较低。推广试验中，6 年生的植株，株产可达 2 千克左右，平均亩产油量约 15 千克。它的主要缺点是树势不旺，产量不很高。

种实特点：果实近橘形，色泽青带黄，果实中偏小，干出籽率 30.1%，出仁率 69.3%，仁含油率 53.5%。

生长特点：叶卵形，枝条长势中等，发芽早，叶面积指数在 4 左右。

开花特点：始花期 10 月初起，花期长 20 多天。

主要鉴别特征：叶背灰白，早花早熟。

三、推广建议

以上十大品种，特别是 5 个主栽系和前 3 个配栽系，都可以大面积推广①。其中主栽系可以占 2/3。

---

① 2016 年以后油茶高产品种配置建议有些改变，详见本书第四章第五节。

第三章

油茶繁育新技术

第一节　芽苗砧嫁接

油茶芽苗砧嫁接，是韩宁林、高继银等于 1979 年最早完成试验的。由于其具有嫁接成活率高、穗条利用充分、可以实现室内操作等一系列突出的优点，1980 年经浙江省科委主持鉴定成果之后，很快就得到了广泛的推广。据不完全统计，到 2007 年止，通过该项技术繁殖的油茶嫁接苗已经超过 2 亿株，现在仍以每年 2 000 多万株油茶良种嫁接苗的速度继续向外推广。

一、嫁接前准备

1. 砧苗培育　头年采收时，选择充分成熟、经 1～2 天暴晒后再阴干脱出的茶籽，拣出饱满粒大、无病虫害者，于室内沙藏待用。2 月下旬至 3 月上旬，待气温稳定后，取出种子，密播于沙床。沙床用沙，务必保持洁净，不含有害物质（如选矿残留物或已经育苗用过的沙子），消毒后筑成高 10～12 厘米的沙床，刮平后，摊一层种子，再盖 10 厘米左右的沙。如场地不多，上面可以再密播一层种子。再盖沙 10 厘米。将沙面摊平后，面上盖杉枝或竹枝，以保护沙床不被鸡犬之类践踏破坏。

培育砧苗一定要配合好嫁接时间，既要防止播种过早种子养分消耗过多，又要避免因播种过迟，错过最好的嫁接时机。沙床的管理，既要防止床面过旱，影响砧苗胚茎的增粗，又要严防积水，以免引起砧苗腐烂。育成的砧苗，以胚茎粗壮，种子离茎较远最为理想。砧苗以随起随用最好。在特殊情况下，对于刚露出沙床表面的砧苗，也可以通过及时剪截露出的茎叶，或者起苗后冷藏等办法，来延长其使用期。

2. 接穗准备 试验反复证明，接穗的状态与嫁接能不能成活及嫁接成活后苗木的生长关系极其密切。从长势衰老的植株上取穗，不仅成活困难，成活后也难于快速生长。所以，对于要用于繁殖的优良品种，决定要在次年采穗的，最好能在头年做好抚育管理，适当施肥，并对树冠作些修剪，以促使穗条早生快发，让其提供更多的优良穗条，保证嫁接需要。

3. 苗床准备 试验证明，为了培养壮苗，嫁接后应当直接假植于圃地。假植圃地，以没有栽过油茶苗的壤质田土为好。排水良好的水稻田，是油茶苗圃的最佳选择。用作苗床的稻田，头年必须深翻，经过冬天的风化，在 2 月就整好苗床。3 月中旬，床面施复合肥，每亩用量 50 千克。10～15 天后，床面会长出一层青草，待青草长齐，高约 3 厘米时，全面喷草甘膦一次。7 天后青草黄化死亡，这时再用锄头将草及土铲松，混合，深约 10 厘米，整平后在床面浇硫酸亚铁，每亩 5 千克。苗床假植前 2 天，床面喷乙草胺一次。并搭好遮荫棚，准备用于假植。

4. 器物准备 嫁接前必须准备好嫁接所需使用的器具物品，主要有铝箔（可用洗净刮平的铝壳牙膏皮，剪成宽约 1 厘米，长约 4 厘米的长条形，有的还可以用 5 毫米粗的铅丝，卷成中间带圈的绑扎用材料）和单面刀片等。

二、嫁接

1. 接穗采集 最好随采随接，选通直健壮，无病虫害，腋芽饱满的当年生半木质化春梢，每枝保证有芽 3 个以上，采穗后穗条要注意保湿，最好能在采穗当天用于嫁接；如当天未接完，夜间可摊放于潮湿草地，次日带露水收藏于具有通气性能的拉丝袋内，贮于湿润室内，晚间继续摊放于草地，这样可以让穗条保持良好状态达 4 天之久，能正常用于嫁接。

用于远距离运输的穗条，最好能将其按 20～50 根扎成一把，基部包裹吸水纸或脱脂棉，浸透后垂直存放于有一定通气条件的容器内。表面最好能用湿毛巾覆盖。穗条保持在湿润、通气、有散射光状态下，可有效地保持生命力 7 天以上。

2. 嫁接操作

（1）嫁接时间　5 月上中旬以后，油茶当年生春梢进入半木质化时，砧木苗的胚茎长度已经超过 5 厘米，如果各项准备工作均已就绪，就可以动手嫁接。试验证明，油茶的嫩梢，只要叶片已经发绿，就能愈合成活；只要接芽已经发育，嫁接后就能正常抽梢。嫁接早，成活就早，抽梢也早，更容易培育成新一代的壮苗。同一个无性系，枝条较为幼嫩时嫁接，不仅容易成活，而且苗木长势还较好。

（2）起砧苗　从沙床内由砧苗的胚根部分起挖，清出砧苗，泡于清水，洗净沙子，而后及时捞出，盛于通气的容器中，保湿待用。

（3）切砧木　将砧苗横放于小木板上，用单面刀片切断上端，留胚茎长 3～4 厘米，然后，在胚茎端的正中 1.5 厘米处由贴近种子的内向一边，顺胚茎走向，向外拉切一刀，切口长 2.0～2.5 厘米，套上铝箔圈待用。

（4）削接穗　将接穗放在木板上，在腋芽下方 0.2～0.3 厘米两侧，用单面刀片斜向拉切，削成一个带有楔形削面，切面长边 2.5 厘米左右，短边 2.2 厘米左右，要求每个面都能一次性削成，长短边之间的差距不要太大，一般不要大于 3 毫米，使长边部分略厚。如果两侧差距过大，可以将长边的尖端截去，截点的厚度一般不要超过 1.5 毫米。接面削好后，再在腋芽上端 0.2～

0.3厘米处切断，同时将叶片切去一半，即成为半叶一芽的接穗，立即用于嫁接，也可以短时放在清水中待用。

为了便于掌握方向，拉切接穗时还可以采用让接芽侧向放置的方式完成两边的切削，先让穗条的接芽侧向身边，用刀片斜向拉切好接穗的一个削面，而后将切削面转向木板，接芽在外，刀片刃口朝身边，在芽的另一边再斜向拉切好另一个削面。注意每边都由一刀切削而成，并让接穗仍然保持有一边切削得较长，一边较短，并维持好长边与短边有3～5毫米的差距。

（5）接合　将已套好铝箔的砧苗拿在手中，把接穗的切削面插入砧苗切口。油茶接穗的枝条粗度与培育良好的砧苗胚茎粗度一般基本相符，再加上胚苗的胚茎正处于旺盛生长状态，整个胚茎都属于分裂活动特别旺盛的形成层和次生形成层阶段，所以，基本上不存在砧穗的形成层对准不对准的问题。但是，为了保证绑扎紧密，插入接穗时，一定要将接穗较厚的一边对准砧苗切口的一边，让接穗削面较薄的一边处于砧苗胚茎的内部，接穗插入的深度也以削面基本嵌入砧苗胚茎为好。接穗放好后将铝箔套住砧穗相合的位置，用指甲或平嘴老虎钳，齐砧苗胚茎处，将铝箔向一方扭转，靠近胚茎后，再离第一次折向带2～3毫米，然后将其向相反方向折转，并向内推紧。最后再将砧苗的胚根保留4～6厘米，多余部分切除后，就可用于假植。

绑扎是否紧密是能否存活的关键。检查方法是：手提接芽，不会脱落；在假植前，也见不到因砧苗胚茎部分失水而出现的穗砧自行分离。

（6）栽植　将已绑扎好的嫁接体，及时栽植在已准备好的苗床内。栽植方法是，先用干净的枝条或竹片，打一个小洞，洞径2～3厘米，深5～6厘米，将刚嫁接的苗木的胚根插入孔内，种子最好也能深入洞中，至少要让其接触土面。栽后浇透水一次，为了防止病菌蔓延，浇水后还可以洒一次杀菌剂液，最后及时盖膜保湿。

栽植密度，以行距 10～12 厘米、株距 5 厘米左右为宜，1 亩圃地可以栽植 10 万～12 万株。

（7）保湿　这是保证嫁接成活的关键之一。栽植后要浇透水，并及时覆盖塑料薄膜。目前生产上常用的是一次性薄膜，宽度 2 010 毫米，厚度在 0.008～0.01 毫米，每千克长度在 20 米以上，每亩需用薄膜 34～40 千克。采用竹架拱棚支撑，竹架长约 2 米，最长不超过 2.1 米，两头各插入土内 10～15 厘米，每隔 0.8～1 米插一根。土质过于坚实的，插竹架前还要先开小沟、打洞。假植后将薄膜盖好，两边用土压紧，端头及时完全封闭。至少在 1 个月左右的时间内，不要揭开塑料保湿罩。塑料薄膜有破损的，要另外再用一块塑料薄膜蘸水后贴在外边，以保证完全保湿。

（8）遮荫　适度遮荫与嫁接能否成功关系极其密切。在动手嫁接之前，就要搭好遮荫棚。遮荫棚必须牢固，不要被风刮倒。一般采用每 2～3 行苗床，树一排直立支架的办法搭棚，桩头深入土层的深度也要保证有 30 厘米左右。直立支柱的粗度一般也要有 15 厘米左右。在直立主柱上架横杆，使其纵横相连，形成一个整体。每亩需用 10～15 厘米粗的杉杆小径材 2 米^3，或 15 米长的小毛竹 80～100 根。一般棚架的高度应当控制在 2 米左右。在保证棚架稳固的条件下，适当高些，有利于育苗。

支架上方蒙遮阳网，夏季炎热，在塑料保湿条件下，很容易因为阳光过强而导致死苗，所以，遮荫强度宜强，一般宜选用透光度在 30% 的遮阳网。四周也要通过围网而降低阳光的照射强度。

实践证明，过度遮荫也是有害的。个别地方采用 2～3 层遮阳网遮荫的，死亡率甚至高达 80% 以上。在不产生日灼或过度干旱的条件下，适当增加光照，特别是侧方光照，增加散射光照射强度，特别有利于嫁接成活和苗木生长。

三、接后管理

1. 调节遮荫度 遮荫强度是否适宜与天气情况有关。嫁接后，如果遇有连阴雨天气，30％的透光度就会感到过于荫蔽。长时间的过于荫蔽也有可能降低嫁接成活率。为了提高整体的成活率，取得更好的效果，可以拆除四周围网，以适当增加假植苗床的透光度。

采用高度在 2 米左右的高棚，就能基本保证嫁接苗对散射光的需求。

2. 拆除薄膜 嫁接 1 个月后，就要注意观察苗木的成活状况。当嫁接苗普遍萌芽，少数苗木已经抽出完整的新梢并停止生长时，已经到了可以揭膜的时候。这时，最好选择阴雨天气揭膜。如果该揭膜时正值连晴天，就要坚持在傍晚揭膜。揭膜次日清晨和傍晚，一定要全面喷水一次，之后再让其自然生长 2～3天，才动手剪除萌蘖。争取在揭膜后的 7 天内完成第一次除萌。

3. 适时追肥 除萌一结束就要全面追肥一次。每亩用复合肥约 5 千克，尿素 5 千克。配置总浓度不超过 0.5％。为了防止产生肥害，最好先将其配成母液，再将母液加入喷水壶内，配制成 0.5％的肥液后，直接浇洒于苗床。

为了培育壮苗，最好每月追肥一次，至少也要在 6 月和 9 月各追肥一次。

4. 除虫防病 栽植后苗木处于高温高湿状态，加上苗木幼嫩，极易发生根腐病、软腐病和炭疽病，介壳虫和蚜虫等虫害也极易大规模蔓延。在苗砧腐烂严重、砧苗普遍带菌时，更易暴发病虫害。所以必须随时注意病虫害防治。

一般撤膜时就要注意防治根腐病。对于在嫁接时砧木带菌严重的圃地，要及时喷根腐灵等药剂，以防止根腐病菌蔓延。以后要根据苗木的生长情况和圃地的病虫害发生情况，及时喷药防治。揭膜除萌后，即使未见病虫害，最好也要喷一次波尔多液。

5. 除草除萌 在嫁接苗生长过程中，会不断产生萌蘖，在第一次全面除萌之后，一般每个月都要注意普遍除萌一次。

实践证明，嫁接时绑扎紧密，接口愈合极佳的苗木，可以不产生萌蘖。所以，提高嫁接技术，不仅可能减少除萌用工，还特别有利于优质嫁接苗的培育。

假植时采用乙草胺处理床面，揭膜时一般床面极少有草。但是，揭膜后，随着光照强度的加强，加上乙草胺作用的逐步消失，床面会开始长出杂草。必要时，可以通过再次喷乙草胺的办法，来控制床面杂草，主要是不让大量禾本科杂草蔓延。如果床面有非禾本科的大型杂草，一定要及时拔除。苗床之间和步道，则可以采用草甘膦除草。只是在喷草甘膦时，一定要避开油茶苗，特别是幼嫩的油茶苗尖。

山茶科植物对草甘膦具有解毒作用。所以，到 11 月初之后，从控制油茶苗徒长着眼，油茶苗床也可以喷施草甘膦全面除草一次。

6. 拆除遮荫棚 9 月中旬前后，天气开始转凉，当北方冷空气南侵，出现了当年秋季第一次因暖冷空气交汇连续多天的降雨后，就可以拆除荫棚。撤除荫棚后，要全面灌水一遍。如能结合施肥，则效果更佳。拆棚后通过灌水、施肥，嫁接苗能够普遍再抽梢一次。苗木生长也更旺。

四、移植

1. 一般移栽 当年嫁接苗高度达到 20 厘米以上时，次年春天即可移栽造林。生长不良的苗木则应当继续留床培育。一般到第二年年底，也可以长成健壮的大苗，用于造林。

2. 容器培育 为了提高造林成活率，对于在圃地培育良好的苗木，可以在 9 月以后转移入容器培育。容器最好能选用无纺布器皿，基质宜轻，并能混入 1/3 经过充分腐熟的木屑、有机肥混合物，移植点要接近造林基地，移栽后用塑料薄膜严密保湿，并遮荫保护。据观察，经过这次移栽，最早 17 天之后就能长出新根。1 个月后，当普遍发出新根后，先利用阴雨天气揭除保湿薄膜，半个月后再撤走荫棚，再经 1 个月以上时间的培养，就能用于造林。

经过这样处理的容器苗，不仅造林成活率高，而且基本不受造林季节的限制。虽然无纺布容器植物的根系可以穿透，1 年之后就能彻底分解，但栽植容器苗时最好撤除无纺布，以免影响根系生长。这对于保证造林成功，具有很大的优越性，值得实际应用。

第二节　超级苗培育

2000 年以来，我们的油茶芽苗砧嫁接技术又上了一个新台阶。在 5 月培育的当年生嫁接苗，一般能抽梢 2～3 次，平均苗高可以超过 20 厘米，能够培育成带有 3～5 根粗壮侧根、并见大量分枝的嫁接壮苗，其生长状况甚至优于 1～2 年生的实生苗。对于当年生植株能够超过 35 厘米的嫁接苗，我们称之为油茶嫁接超级苗。

一、超级苗培育的基本情况

油茶芽苗砧嫁接，从突破技术关口之后，先后经历了沙袋假植、沙床假植和圃地直接栽培几个阶段。但是，在 2000 年以前，我们在圃地培育的油茶嫁接苗，一般只能抽一次梢，只有 30％左右才能抽梢 2 次以上，当年能够长成高 15 厘米左右的"一级苗"。如何加速苗木的生长，就成了我们继续追求的新目标。

通过努力，我们终于又找到了一种能够保证在嫁接当年使 80％左右苗木高度超过 35 厘米、根颈粗达到 0.3 厘米左右的办法，其中生长最旺的苗木，苗高达到 58 厘米，根颈粗达到 0.36 厘米。正因为它的生长量已经大大超过了前两年制定的油茶嫁接苗的一级苗标准，我们才将其称为油茶芽苗砧嫁接超级苗。

2007 年我们在 0.8 亩田里培育了 8 万株嫁接苗，其中 6 万株达到了超级苗水平，占总苗数的 75％。据实际测定，平均苗高超过 35 厘米，根颈粗达到 0.30 厘米左右。还有 2 万株苗平均苗高也超过 10 厘米，根颈粗平均也超过 0.12 厘米，基本符合现有油茶芽苗砧嫁接苗的 1～2 级苗标准（表 3－1）。

油茶芽苗砧嫁接超级苗的育成，不仅能将其直接用于造林，还能用其在第二年为继续繁殖提供优质接穗，进一步加快优良无性系的扩大繁殖。利用该项技术，就有可能使我们在 3～4 年时间内，从一株中选的成年树开始，形成年产百万株以上甚至千万株良种嫁接苗的生产能力。

表 3－1 2007 年育苗中的超级苗生长量调查

无性系	苗类	苗高（厘米）	根颈粗（厘米）	分枝	抽梢	根幅（厘米）	侧根	叶片
长林166 号	超级	38.7	0.34	2.67	2.67	16.9	6.7	23.0
	一般	10.2	0.15	1.67	2.33	7.9	2.7	12.0
长林4 号	超级	35.4	0.29	5.33	3.00	17.5	5.3	33.7
	一般	11.0	0.12	1.00	2.33	11.3	2.3	8.3

二、超级苗培育程序

要育成油茶芽苗砧嫁接苗的超级苗，必须认真做好以下每个育苗环节。

1. 圃地选择 用于油茶芽苗砧嫁接超级苗培育的圃地，必须是第一次用于育苗的新圃地。土质要疏松，土壤要肥沃，排水要通畅。为了保证圃地苗木不感病，最好选用含沙量高的水稻田，但仍然必须坚持不重茬育苗。

育苗实践证明，重茬育苗，即使发病得到了控制，其生长量也会减少 10％以上。

2. 施足基肥 每亩的施肥量，要增加到 75 千克以上，肥料要在 4 月初做床时均匀撒于床面，再用锄深翻入土，深度约 20 厘米。

嫁接前 5 天，再施 100～150 千克过磷酸钙，结合铲草将其混合于 10 厘米左右的土层内。

育苗实践证明，施用充足的过磷酸钙，是保证苗木生长健壮的重要因素之一。

3. 催草灭草　基肥施用后 10 天左右，床面能长出厚厚的一层青草。等稗草有 10 厘米高、其他青草 3～4 厘米高时，浇洒草甘膦一次以全面灭草。草甘膦用量：每个喷水壶（约 10 千克水），加 200 克 10％的草甘膦，每亩洒浇 4 壶。

育苗实践证明，施肥后床面能够密生禾本科杂草，不仅是土壤肥沃的标志，也是保证油茶苗提早实现菌根化的重要条件。

4. 床面处理　浇洒草甘膦后 1 周左右，青草变黄，再过 7 天，待其根系充分腐烂后，结合施过磷酸钙，用锄头浅铲床面，使表层土壤彻底疏松。为了防止苗床内土壤害虫的严重侵害，整平床面后，均匀洒施敌百威，每亩 2 千克。与此同时，还一定要做好防止苗期遭受多种真菌病害的工作，整平床面后，再在床面均匀洒硫酸亚铁，每亩 5～10 千克。

5. 清沟盖土　床面处理好之后，要清好沟，以保证排水通畅。最后，床面盖黄心土，厚 4 厘米左右。为了保证苗木不感病和床面不长草，必须加盖既无病菌，又无草籽的黄心土。

育苗实践证明，采用黄心土防草防病，可以最大限度地防止苗木受到病菌、杂草和除草剂的抑制，特别有利于超级油茶嫁接苗的培育。

6. 大籽育砧　采用大粒种子培育苗砧，掌握好播种时机，尽可能减少种子内有机养分的消耗，并育成最佳状态的苗砧。

用于嫁接的苗砧，绝对不能带病。起砧时已经发现感病的苗砧，必须杜绝使用。接触过病苗的手，必须彻底清洗后再重新起苗或嫁接。

我们曾经试用过双籽甚至多籽嫁接。试验结果是，从培育大苗出发，双籽砧嫁接明显优于单籽砧嫁接。但是，采用双籽砧或多籽砧嫁接，增加了操作难度，嫁接工效会降低一半以上，所以，从实际应用来说不宜大规模推广。充分利用苗砧本身所贮藏的养分来培育大苗，选用大粒种子则可以广泛应用。

7. 及时嫁接 早嫁接，早成活，也能早抽梢。开始嫁接的时间，以接芽是否充分发育为指标，越早嫁接越好。对于一般的油茶无性系，培育超级嫁接苗的嫁接时间，一般以 5 月 10 日至 20 日内完成嫁接为最好，最迟不要晚于 5 月 25 日。对于发芽早，枝条能提前用于嫁接的无性系，如新品种长林 55 号，则可通过加快苗砧培育，5 月初就实施嫁接的办法，获得更佳的结果。

8. 选用接穗 不同的无性系，具有不同的生长势。选用长势旺盛的无性系更有利于培育超级嫁接苗。

同一无性系，生长势不同的枝条，也会有不同的成活抽梢情况。选用长势旺的穗条更有利于培育出超级嫁接苗。建立采穗圃，加强圃地管理，甚至通过以苗育苗的方式，在苗木生长良好的圃地内采穗嫁接，都非常有利于油茶超级嫁接苗的培育。

9. 拉切穗砧 拉切穗砧，保持切面光滑，并尽量加长穗条和砧木的切削面，以保证最大范围的良好愈合，并促进接芽更快地萌发。愈合越好，成活就越早，苗木生长也就越快，也就越容易培育成超级大苗。

为了促进抽梢，接穗叶片可以切除 1/3～1/2。虽然切除叶片有利于抽梢，但是切除叶片也可能带来副作用。过多地切除叶片，也不利于苗木有机养分的积累。所以，一般以切除叶片的 1/2 为最大限度。

10. 适度遮荫 遮荫强度要掌握适当。连阴雨天气，不宜过度遮荫。一般条件下，采用遮荫度为 70% 的遮阳网遮荫效果最好。既不能让假植圃地直接暴晒，也不能让其过度遮荫。

11. 及时揭膜 假植阶段用塑料薄膜全封闭保湿，随假植随保护，保湿时间一般在35天左右。有1‰～2‰已经充分展叶、多数嫁接苗的高度已达10厘米以上、顶部叶片已经展开后，就要选择阴雨天气或傍晚及时揭膜。

12. 细致除萌 除萌后，要全面清理整个床面。拔除已经死亡的植株，并认真地清除每个砧苗上萌发出来的萌蘖。清除萌蘖要剪得低，并应经常检查，随时发现，随时清除。第一次全面清除后，最好每7～10天要全面检查一遍。

13. 防病治虫 去罩后，全面喷施根腐灵或敌克松一次，以防止根腐病的发生。以后随时注意有无病虫危害，发现病虫害时，要及早喷药防治。

超级苗由于生长旺盛，较易感病，也容易引来各种虫害，需要认真检查，及时杀灭。

14. 适时追肥 培育超级苗的追肥次数，至少3次，最好每月追肥一次。追肥浓度和方法，同一般嫁接苗培育措施。最后一次施肥，宜在10月底以前进行，可以只施复合肥，浓度宜更低，以防止过度生长，降低抗寒力。

15. 适时撤棚 待天气开始转凉，北方冷空气能够抵达本地，连续3天的平均温度降低到22℃以下时，即气象上称之为的秋天真正到来时，就要撤除荫棚。

撤除荫棚后，要及时灌水、施肥，这是保证其在早秋全面抽梢一次（一般是第三次抽梢）的关键。实践证明，这次抽梢的生长量，可以抵上前二次抽梢的生长总量。从生长量方面讲，这是育成油茶超级嫁接苗当中，最为重要的一个环节。

第三节 扩繁新技术要点

要育成芽苗砧嫁接苗的超级苗，以上各点都要认真执行。其中最重要的是选好圃地、施足基肥、催草灭草、选用接穗、及时嫁接等环节。

一、技术要点

1. 圃地要选新的　表3-2的结果说明，重茬育苗对油茶嫁接苗生长不利。

表3-2　重茬育苗对油茶嫁接苗生长的影响

无性系	是否重茬	嫁接数	成活率（%）	抽梢率（%）	生长状况			
					苗高（厘米）	根颈粗（厘米）	分枝	抽梢
长林4号	否	120	100.0	83.3	11.87	0.26	1.71	1.98
	是	120	100.0	70.0	9.65	0.28	1.54	1.86
其他	否	120	99.2	73.1	10.55	0.25	2.03	2.03
	是	120	98.3	73.7	8.10	0.25	1.37	1.37
合计	否	240	99.6	78.2	11.21	0.26	1.87	2.01
	是	240	99.2	71.9	8.88	0.27	1.46	1.62

2. 接穗要选旺的　接穗的生长势，对于培育嫁接超级苗作用明显。这不但在不同的无性系上有表现，就是同一个无性系，因为穗条来源有别，也有明显差异（表3-3）。

3. 基肥要施足　肥料与植物的生长关系密切。育苗中，基肥的施用与否，对苗木生长具有决定性影响。虽然追肥也有重要作用，但施足基肥，特别是重施过磷酸钙，对于超级苗的培育成功起到了关键作用。

表3-3　穗条来源与嫁接效果

无性系	穗条来源	嫁接数	成活率（%）	抽梢率（%）	生长状况			
					苗高（厘米）	根颈粗（厘米）	分枝	抽梢
长林53号	幼树	128	87.5	83.9	8.35	0.26	1.14	1.64
	老树	119	75.6	73.3	6.57	0.23	1.06	1.56
长林40号	幼树	109	91.7	97.0	9.84	0.25	1.32	1.68
	老树	120	65.8	97.5	9.13	0.26	1.32	1.59
长林4号	幼树	119	95.0	100.0	17.46	0.32	2.02	2.35
	老树	109	85.3	100.0	13.10	0.29	1.48	1.96
平均	幼树		91.4	93.6	11.88	0.27	1.49	1.89
	老树		75.6	90.4	9.60	0.26	1.29	1.70

4. 青草要用好 催草灭草，看起来只是一个草的问题，实际上起着极其重要的作用。这样做一方面能够为苗木生长准备好最佳的根系发育条件，另一方面也为苗木根系的及时菌根化打下了基础。

众所周知的事实是，植物与其共生的菌根对促进植物生长和提高植物的抗性起着重要作用。油茶是内生菌根植物，而禾本科植物正是极佳的内生菌根载体。催草过程，实际上是让青草先利用土壤内的多种能形成内生菌根的孢子，形成植物的内生菌根，假植油茶之后这些菌根就能迅速转移到油茶根系中去。这就为油茶苗的正常生长创造了必要的条件。

我们采样请菌根专家分析，土样携带了多种菌根孢子，也充分证明了这一点。

5. 嫁接早抽梢好 及时嫁接，主要是让苗木有尽可能长一些的生长季节，以保证苗木1年之内能够抽梢3次以上。

二、百万新品种苗繁育基地的营建技术

芽苗砧嫁接，超级苗培育，加上以苗育苗几项技术的配合，使我们有了只要用4年时间，就能从一株真正优良的单株，建成提供百万穗源的育苗中心。

就一株优树而言，一年可以提供的穗条超过100根，管理一般的母树，每根穗条可以提供有效接芽3个左右。就是说，一般第一年可以繁育300株左右嫁接苗。

因为接穗不旺，从母树上采穗育成超级苗的比例较低，以嫁接苗内有2/3为超级苗计，第一年就能育成200株超级苗。这200株超级苗，每株第二年可提供10～12根穗条，每根穗条可带有效接芽4～6个，至少能培育40株超级苗。第一年的200株超级苗第二年就能育成0.8万株超级苗。第三年就能育成32万株超级苗，第四年起就能提供1 000万以上的有效接芽数，育成数以千万计的优良无性系嫁接苗。

实际上，优树选择工作一般要经过 3 年多时间。决选优株，还要经过无性系比较试验才能用于推广繁殖。即使通过大树高接换种，以盛果期 4 年产量为准评选，无性系鉴定工作也要经历 7 年时间才有可能。而我们从优株初选的第三年起就能开始扩大繁殖。而做好无性系鉴定之后，又增加了一批新的采穗母树。由此可见，一般情况下，必须通过 10 年准备，才能真正应用于生产。所以，第一年可以育成的超级苗，可以远大于 200 株，至少扩大 25 倍，即第一年就能育成 5 000 多株超级苗。第二年育成的超级苗就能超过 20 万株，第三年就能基本完成培育千万苗木的任务。

即使碰到各种挫折，在 3～4 年时间里，由一株油茶树变为年产百万苗的良种苗木扩繁基地是完全可能的。

第四章

油茶造林管理要点

第一节　林地整理

一、林地选择

油茶适应性广，一切计划发展油茶的地方，都可以种油茶。但是，从尽快建成保健食用油的基地出发，在土地条件允许的情况下，最好能选择土质疏松、有少许坡度、排水良好的岗地种植油茶，这样更有利于发挥油茶高产无性系的增产潜力。

二、整地方式

土地平坦时最好采用全面整地。中试和推广证明，采用挖机整地，可以为基地建设的成功提供切实的保证。挖机整地，时间宜早，一般以5～6月为宜，最迟不能晚于7月初。开挖要深，一般在50厘米左右，挖时应将杂灌都翻入土底，将底土翻到地表。土层中间有隔层的土地，挖地必须穿透隔层。采用机械整地，不但成本低，种植之后1～2年也不会产生草荒，便于管理。

山区营造生态经济林，则应当以带状整地或块状整地为主要整地方式，种植油茶必须与搞好水土保持相结合。

我国台湾有位农学博士提出并采用"边坡沟技术"种植果

树，先用小型挖机沿等高线开 2 米宽的步道，步道外高内低，每百米下降 0.5 米。步道长不超过 100 米。步道口，采用水泥或草皮建立泄水通道。上下两条步道之间，由挖机挖穴栽树。栽植点呈梅花状分布，并坚持块状整地。这种种植方式既能做好水土保持，又能采用机械开发，很值得我们在种植油茶时学习和采用。

三、挖穴堆土

入秋后可定点挖穴。规格 50 厘米×50 厘米，穴底施基肥。基肥以饼肥或复合肥为好，每穴施 0.5 千克，有条件的应当多施基肥。但肥料与土壤要充分混合，而后再覆肥沃的表土，并堆成栽植点，由于整地后土质疏松，栽植位点宜高出土面，以土堆高 10～15 厘米较为适宜。这样可以保证在土壤沉实后，不在栽植苗木周围形成积水坑。

第二节　造林技术

一、造林苗木的年龄

中试阶段，我们采用过多种规格的苗木造林，其中有刚刚嫁接成活的苗木（简称刚成活苗），也用过夏季嫁接成活的苗木（简称 1 年生苗），还用过嫁接成活后再在圃地培育 1 年的嫁接苗（简称 2 年生苗），甚至还用过嫁接成活后在圃地培育了 3 年以上的苗木造林，都取得了成功（表 4-1）。

表 4-1　苗木年龄、来源与造林成活率

苗　木	栽植地点	造林时间	苗木来源	面积（亩）	成活（％）
刚成活苗	1～9 区	1981 年 3 月	就地培育	30.1	78.2
1 年生苗	长埠 10～45 区	1981 年 11 月	就地培育	82.3	94.5
	长埠 46～47 区	1982 年 3 月	亚林所	9.6	81.0

（续）

苗　木	栽植地点	造林时间	苗木来源	面积 （亩）	成活 （%）
1年生苗	桐木 15～19 区	1984 年 2 月	江西进贤	55.9	85.9
	桐木 5，7 区	1984 年 2 月	就地培育	20.3	73.4
2 年生苗	各区补植	1984	就地培育	2 000 株	83.3
4 年生苗	桐木	1982 年 3 月	亚林所	29.0	91.6

注：中试期间，我们没有大规模采用 2 年生苗造林，只用于补植。

试验证明，春季嫁接成活的苗木，利用其砧苗种子内贮藏的养分和水分，只要保留良好的根系，直接栽植于林地是可以成活的。栽植后管理适宜，也能及早建成高产林分。1980 年我们在浙江中国林业科学研究院亚热带林业研究所内营建的全国第一块高产无性系试验林，以及 1981 年在江西进贤县茅岗垦殖场和江西分宜县长埠实验林场两地中试期间营建的试验林，总面积超过 50 亩，用的都是刚刚嫁接成活的嫁接苗。到年底调查，平均成活率接近 80.0%。我们在富阳的试验林，由于采用了双株栽植，所以，年底基本穴穴有苗，即使稍缺几株，也极易从保留双株的穴内带土移栽而补齐。

5～6 月嫁接是油茶芽苗砧嫁接的黄金季节，这时嫁接成活率高而稳定。但是，嫁接成活后正值暑夏的高温干旱季节，一般无法在嫁接成活后立即上山造林。所以，必须延迟到当年年底或第二年年初栽植。这就是我们所称的 1 年生苗。我们在大岗山和茅岗营建的 400 多亩中试林，主要是用这种方式营建的。由于我们掌握了造林技术，重点抓住提早整地、挖穴、施肥，选用壮苗造林，雨后及时栽植这些环节，一般造林成活率也能超过 85%。

利用 2 年生苗造林，只要掌握好造林季节，起苗后加强根系保护，造林时严格掌握根肥分离原则，栽植成活率一般能超过 80%。

中试期间，我们还曾用过在圃地种了 4 年的苗木造林，仍然取得了成功。1982 年，我们曾从浙江富阳亚林所圃地起苗，通过截根、打枝，根部粘泥浆后运到江西分宜造林，栽苗近千株，最后只有少量死亡。实际抽样调查了 385 株，成活 353 株，成活率 91.6%。

中试同时证明，就地育苗缩短起苗与栽植之间的时间，是有利于提高造林成活率的。但是，只要保护适当，即使远距离调苗造林，也能取得较为理想的结果。试验还证明，苗木的健壮与否，将直接影响到造林成活率。桐木 5 区与 7 区，1982 年造林时虽然也用了就地培育的 1 年生嫁接苗，但造林成活率还不如来自数百里甚至上千里之外的茅岗和亚林所的 1 年生嫁接苗。其根源就是两者的苗木健壮程度有明显不同。

虽然各种苗木都能栽活，但从容易操作和有利于产业发展出发，我们仍然推荐主要以栽植 1 年生壮苗为好。

二、配栽方式

油茶是异花授粉植物，所以我们从一开始就注意了选用花期相近的多个无性系，作配合栽植。

1984 年，我们对隔株栽植，成行栽植，多个无性系混合栽植等几种方式安排了比较试验。当植株进入结果期后，我们发现只要不是过于集中地搞大块状栽植，任何方式都不会影响植株的正常结实（表 4 - 2）。

表 4 - 2　不同栽植方式的实际产果量

栽植方式	区号	面积	无性系组成	产果量	平均产量
混合栽植 43.9 亩	5	14.2	19，29 - 31，49，87，88，91，92	80.4	72.9
	6	2.8	26，27，40，78	29.9	
	7	4.4	26，27，40，78	54.4	
	13	6.2	22，23，24，40，78	45.8	
	15	3.8	71，76，94，97 - 104	92.7	
	17	2.8	71，76，97 - 104	111.3	
	18	2.7	22 - 24，40，63，78	103.3	
	19	7.0	22 - 24，40，63，78	72.4	

（续）

栽植方式	区号	面积	无性系组成	产果量	平均产量
成行栽植 45.3亩	1	2.4	51-7，8-58，51-27，东4，W30	153.7	127.0
	2	13.2	225，226	101.7	
	3	7.1	26，220，219	191.3	
	4	8.4	127，220，223，234，126	188.6	
	8	7.0	78，40，23	81.1	
	14	7.2	19，49，88，29，43，31，87	73.9	
隔株栽植 35.1亩	10	10.0	17，18，21，23，54	87.6	83.6
	11	9.7	17，18，21，23	73.1	
	12	13.6	22-24，40，63，78	82.9	
	16	1.8	71，76，94，99，102	124.0	

注：桐木片，1983年育苗，1984年春栽植，1992年实采茶桃平均亩产量，单位：千克/亩。

由表可见，成行栽植的第8区，隔株栽植的第12区，和混合栽植的第6区，第7区，第13区，具有基本相似的无性系组成，对照这三种方式的平均产果量，应该说非常接近。成行栽植的8区平均亩产茶桃为81.1千克，隔株栽植的12区平均亩产也只有82.9千克，混合栽植的几个区的加权平均产量也只有93.2千克。三种栽植方式对产量的影响，远小于其他因素。混合栽植区之所以比较高产，是因为其中较为高产的无性系占有较大的比例，无性系组成对于产量的影响要远远大于无性系的排列方式。

通过小试已基本肯定，成行排列的优良无性系，其自然坐果率可以接近60%，远远大于普通实生油茶树的自然坐果率。有人还曾提出，即使同一个无性系，不同单株间因受砧木和立地条件差异的作用，也有一定的授粉亲和力。不管是否存在这种亲和性，中试证明这三种配置方式都是可以利用的。

三种排列方式不会影响油茶正常结实，却能给我们的经营管理提供方便或者引起麻烦。最有利于经营管理的方式是成行排列方式。特别是当配栽品系之间在发芽、成熟方面存在明显差别时，采用成行栽植可以为我们采集接穗，树体管理和采收果实带来极大的方便。由于植物的发芽、开花和成熟，有时还和天气条件的变化有关，所以，即使栽植时认准了开花成熟基本一致的无性系之间，在一定条件下花期和果实成熟期也会错开，这种错开有时甚至长达 5～7 天。所以，混合栽植就难于应付这种局面。从有利于生产出发，我们最为推荐的还是成行栽植方式。

三、栽植密度

小试期间，我们采用了 1.5 米×1.5 米的株行距，每亩定植 225 株。我们甚至还在行间和株间再加植 1 株，每亩种过 960 多株，这种高密度栽植，在种植第三至第五年内，就达到了亩产茶油 15.0～27.0 千克的丰产水平。

之所以采用高密度栽培是因为嫁接植株进入结实期早，结实量大，这种高产特性必然对其树冠的发育造成影响。在肥水充足的条件下，我们富阳小试的地块内，种植第五年就开始郁闭。虽然从第三年起就开始投产，并创造了连续丰产的早实丰产纪录，但随之而来出现了林分难于管理的不足，也影响了试验林增产潜力的进一步发挥。

中试一开始，我们采用的是行距 2 米、株距 1.5 米的行株距。只有 27 区（收集区）仍然坚持 1.5 米见方的栽植方式。在粗放管理条件下，收集区内最早获得了高产（表 4-3）。对长埠林场不同密度林分的产量作统计，每亩栽 181 株的林地，4 年生时的平均产量是每亩不足 120 株林地的 4.74 倍。

表 4-3 密植栽培的早期增产效果

区号	密度	面积	产 果 量							
			1985	1986	1987	1988	1989	1990	1991	小计
26	137	3.96	1.2	1.2	20.4	28.4	90.9	36.0	105.6	283.7
27	225	2.37	18.8	24.8	24.4	62.5	230.4	191.4	533.3	1 086.0
28	137	5.62	4.1	17.5	32.9	91.2	213.6	96.3	379.0	834.6

注：密度：株/亩；面积：亩；产果量：千克/亩。

随着树龄的增长，特别是1990年起坚持每年施肥之后，不仅产量迅速上升，树体也迅速扩大起来（表4-4）。到1993年后就出现了树体过于郁闭的现象，内部枝叶逐步枯死，结实部位迅速外移，既不利于采收，又不利于其进一步增产。于是，从1996起开始隔行隔株疏伐。

大岗山中试期间表现出来的这种树体变化，使我们对高产无性系的合理密植概念有了新的认识。近几年的推广中，我们提出了行距3米，株距2米的栽植方式。每亩栽111株。这样既能保证新造林的早实丰产，也有利于栽植后的经营管理。如果土地肥沃，并要实行早期套种的，为了便于实现机械管理，行距还可以适当放大，采用4米×2米的行株距，每亩栽80多株。

表4-4　推广试验中树冠增长过程（厘米）

栽植年数	长林40号	长林166	长林4号	长林53号	长林18号	长林3号	长林55号	长林27号	长林21号	长林23号
2年	26	26	31		23					
3年	57	66	68				63			
4年	65	114	91	67	70	69	108			
5年	120	136	143	93	91	116	113	76	98	148.0

注：调查地点，江西省贵溪。调查时间，2007年。栽植第五年的已进入盛果期，高产株的结实量估产已超过5千克。

新余赖笋牙2001年营建的100多亩推广试验林内，采用了2.0米×2.5米的株行距，到2006年，树冠已经基本相连，全林2005年就已进入盛果期。平均亩产油已超过15千克。2007年又获得丰收，全林平均亩产油量已经超过30千克。

根据这些推广林分的树冠扩展规律，我们认为，采用行距3～4米、株距2米的行株距是较为理想的。

四、栽植要点

1. 起苗保护　用于栽植的苗木，要注意保护根系。一般在起苗前一天，苗床浇透水一次，以防止土壤板结起苗时过多伤根。

用于栽植的 1 年生苗，必须抽梢 2 次以上，苗高超过 15 厘米。这样的苗木，在土壤充分湿润后，可以抓住接口以下部位轻轻拔出，如苗木根部粘留小土团则最好能予保留。

用于栽植的 2 年生苗，苗高至少超过 35 厘米，第二年仍然会抽梢 2 次以上。种植前最好带土起苗。起苗后尽快计数，用塑料袋包住根系或整个苗木。

苗木到站后要尽快卸车，下车时要抓紧时间将根部打上泥浆，并将苗木垂直存放于阴凉处。

2. 栽植方法　栽 1 年生苗可用长 40～50 厘米、横径 3～4 厘米的木棒或厚竹片做植苗工具。先在栽植穴正中打深约 15 厘米、直径 5～6 厘米的深洞，再将苗木根系放入洞内，先深放，填入松土后，提起小苗，以保持苗木根系舒展，使苗木根颈部位正好位于地面。然后将苗木周围压紧再从一侧离苗木 5～8 厘米略向苗木根系方向深插，反向压紧底部后再正向压紧上部，然后填平孔穴。

栽 2 年生苗，可以用手锄或小铲，开洞后放入苗根，注意保持根系舒展，再覆土、压实，并保证苗木根颈部位露出土面。

起苗后必须尽快栽种。

3. 根肥分离　据试验，油茶苗与许多肉质根的植物一样，不要采用林业上通常提倡的植苗前蘸钙镁磷肥促根的措施，实践证明，栽油茶时蘸钙镁磷肥，非但不能催发新根，还会大幅度降低造林成活率。

4. 假植催根与容器苗造林　为了进一步提高造林成活率，确保造林成功，对于将要用于造林的苗木，可以先移栽于造林地附近的临时圃地，并用塑料薄膜严密保湿，同时适度遮荫，让其萌发新的吸收根。经过 20～40 天培养后，当多数苗木发出新根之后，随起苗随栽植，就能保证造林的成功。

如果林地远离圃地，起苗后无法及时栽植的，也可以采用无纺布容器，容器内采用由木屑、猪栏肥和泥炭，经过充分发酵后的轻型基质，将嫁接苗直接栽于容器后，密闭保护，待其发出新根后，及时带容器直接移栽于林地。

第三节　管理要点

一、除草与扶育

造林后必须加强保护，要有专人管护林地，严防人畜危害。没有深挖的林地，造林当年的5月中下旬和9～10月要各除草一次。由于油茶苗叶片老化后对草甘膦具抗性，所以，在适当时候，也可以通过喷施草甘膦除草。

对于刚营建的新品种油茶林，切忌高温干旱的伏天除草松土。我们在试验中，有人机械地将油茶生产中经常宣传的"七挖金，八挖银"用于油茶幼林，结果，引起了大面积的油茶苗死亡，教训是极其深刻的。

二、抗旱浇水

一般年份造林，油茶不需要浇水抗旱。但是，如果遇有特别干旱的年份，夏季连续高温干旱，超过15天以上时，要及时组织抗旱保苗。每穴可浇清水1千克，如果结合土表覆盖，效果将更好。

为此，在经常出现夏季严重干旱的地区，大面积营造油茶林时，也应当将是否有充足的水源视为重要的附加条件。

三、整形摘花

芽苗砧嫁接苗有的造林当年就能成花，种植头一两年，最好先让植株长好，形成树冠后再让其结实。有条件时，可以摘除花芽。

要在幼年时就注意培育树冠。注意及时剪除长势过旺的直立性枝条，促进其早日分权形成树冠。

四、引进和保护油茶授粉蜂

油茶授粉蜂对于提高油茶产量作用明显，一般增产效果超过30％。油茶授粉蜂的种类很多，要根据具体条件，采用我们试验成功的打孔放蜂法，或插花小罩法等，引进油茶授粉蜂。

已经形成的油茶授粉蜂基地，过度干旱季节要适当浇水。油茶开花期间严禁喷施杀虫药剂，如果开展林下养鸡的油茶园，还要控制好群鸡放养，以保护好油茶授粉蜂的发展环境。

第四节　常见病虫害防治

油茶嫁接苗造林后，在一定环境条件下，病虫害，特别是虫害较为严重，有的甚至可能引起新造林的毁灭，所以必须引起各地关注。

造林初期，要特别注意食叶虫害的危害。4～5月要防止金龟子成虫食叶；5～6月要警惕茶梢蛾危害叶子和枝梢。随着树龄的增长，要特别注意蓝翅天牛的大发生。在蓝翅天牛的羽化和产卵盛期，要在晚间注意观察虫情，如发现危害，及早于晴天喷施甲氰菊酯等杀虫剂予以杀灭。

在我们的中试和推广过程中，最为常见的病虫害有：育苗过程当中的根腐病，栽植初期的蓝翅天牛，大量结实后的油茶象甲和茶梢蛾，过密林分中出现的半边疯等。

一、苗木根腐病

1. 症状　油茶苗木根腐病，又称油茶菌核性根腐病、白绢病、霉根病。主要危害嫁接后的1年生苗木，病菌先侵染苗木根颈部，患部先显褐色，上生白色绵毛状物，并迅速向上及土表扩散。受害苗木根部腐烂，叶片凋萎脱落，最后枯死。在潮湿条件下，受害苗木根颈部周围会形成白色菌丝状膜，并在其中形成初为白色、后逐步转变为黄褐色的菌核颗粒。

2. 病原菌 由真菌引起，无性世代为半知菌无孢菌群的罗氏白绢小菌核菌（*Selerotum rol fail* Sacc.）。菌丝白色，绕结成膜状，形似白色丝绢。菌核球形，菜籽状，直径 0.5～1.0 毫米，最大 3 毫米。

3. 发病规律 这是一种广谱性危害的病菌，除了油茶，还能对松、杉、柏乃至许多阔叶树的苗木造成严重危害。

病菌以菌核在土壤或病株上越冬，第二年春季再萌发蔓延，也可以借助雨水或流水传播。当菌丝接触到苗木根系，就能侵入。6～7 月，气温高，土壤湿度大，有利于病害发生、发展，排水不良、土壤板结、苗木生长衰弱时，苗木常成片受害。

4. 防治方法

（1）选好圃地 圃地务必排水良好，土质疏松，应当避开在已有发病苗木的地点育苗。注意做好床面消毒。

（2）施足基肥 按育苗规程施肥、松土，保证床面的疏松、肥沃，让苗木长健壮。

（3）育好砧苗 保管好种子，不让种子发生腐烂，砧苗不带菌入圃。

（4）药剂防治 撤除保湿罩后，及时喷根腐灵等药剂，予以防治。

二、蓝翅天牛

1. 危害状 油茶蓝翅天牛，以幼虫蛀食油茶树干和枝条为主要症状。受害植株，轻者降低生长势，重者会产生树枝风折。

由蓝翅天牛危害的骨干枝上，会形成围绕枝干的环形肿突。虫口密度大时，一根不到 1 米长的枝干上，可以见到这种环形突起 10 个以上。在生长旺盛的骨干枝上，由于幼虫蛀食已经无法形成环干一周的隆起，则形成一个点一个点样的小突起。

2. 形态特征　蓝翅天牛，又名黑跗眼天牛、茶红颈天牛，俗名茶结节虫。属于鞘翅目天牛科昆虫，学名：*Bacchisa atritarsis* Pic.。

成虫：体长 9~13 毫米，被细绒毛，鞘翅蓝紫色，具金属光泽，翅面散生粗刻点，头酱红色，复眼黑色，分上下两半，胸腹部黄色，触角 11 节，长约与体相等。柄节基节酱红色，第三、四节基部黄色，胸部各节黑色；前胸背部中央的疣突较高，与小盾片同为橙黄色。

卵：长 2~3 毫米，黄白色，长椭圆形，一端稍尖。

幼虫：体长 18~22 毫米，扁圆筒形，肉黄色，头焦黄，上颚黑色，前胸节稍膨大，背面骨化区为焦黄色，其前缘具四块黄褐色斑纹及一条中央截断的棕褐色浅纹，上生稀疏茸毛，后缘具粗刻纹。

蛹：长 10~15 毫米，始为卵白色，渐变橙黄色，羽化前为黄褐色，翅芽灰褐，复眼灰黑色。

3. 生活习性　一般一年一代，也有一年二代的，甚至有二年一代的。大多以幼虫在被害枝内越冬，并于 3 月底至 4 月初开始化蛹。在江西，4 月下旬起开始出现成虫。卵期近 20 天，幼虫期长达 22 个月，蛹期 18~27 天，成虫寿命 20 余天。

成虫羽化后要在虫道内耽 3 天才于白天外出活动，并啃食叶背主脉作补充营养。产卵前先用上颚将树皮咬成伤痕，并把卵产在伤痕中缝的皮层下，每缝一粒。一雌成虫可产 12~20 粒。产卵枝直径一般在 13~17 毫米。幼虫孵化后，在树皮下绕树干一周，再循原道返回产卵点附近，并向上蛀食木质部中心，然后一直向下蛀食。由于幼虫蛀食的刺激，致使该处增生，形成肿大的环节状。

4. 防治方法

（1）刮除幼虫　每年 7 月，当其幼虫尚未钻入木质部时，在产卵伤痕处及其周围刮除幼虫，既方便又有效。

（2）清除虫源　结合冬季修剪，及时将被害枝梢清出园子集中烧毁。连续坚持 3 年，防治效果高达 90％以上。

（3）放养鸡群　在蓝翅天牛产卵高峰期，在油茶林内放养鸡群，可以有效地消灭正在产卵的成虫和刚刚孵化的幼虫。

（4）药剂防治　4 月中下旬，用涂白剂对树干涂白，可以有效地防止成虫产卵。

涂白剂的配制方法是：生石灰 5 千克，用水化开，硫磷粉0.5 千克，牛胶 0.3 千克，加水 20 千克即可。

三、油茶象甲

1. 危害状　油茶象甲又名山茶象、油茶象鼻虫等，主要危害油茶果实，幼虫蛀食油茶种仁。在危害油茶果实的同时，将其粪便残留于油茶种壳内，由于虫粪极苦，所以，混有油茶象甲危害的油茶籽，榨出的油极苦，有可能影响到茶油的食用品质。

2. 形态特征　油茶象甲是鞘翅目象虫科的一种昆虫，学名是：*Curculio chinensis* Chevrolat。

成虫：体黑色，不包括头管，长 6～11 毫米，上披稀疏白色鳞片；头基部半球形，头管细长弯曲，雌虫头管长 9～11 毫米，雄虫头管长约 6 毫米；触角膝状，末端第八节膨大，着生于头管近基部 1/2（雄）至 1/3（雌）处；前胸背板半球形，具浅褐色鳞片与点刻，中胸小盾片密生白色鳞片；鞘翅基部和近中央处具白色鳞片组成的白斑和横带各一条，沿后缘具白色鳞片一行，并夹杂有褐色与黑色鳞片，每翅翅面具 10 条纵沟纹，沟内具粗点刻；各足腿节末端膨大，下方具一齿突，腿部灰白色，两侧具一白斑。

卵：长约 1 毫米，短径 0.5 毫米，长椭圆形，淡黄色。

幼虫：长 10～12 毫米，体肥多皱褶，稍加触碰即成半圆形，假死状。无足，各节多横纹，老熟幼虫淡黄色，头部深褐色。

蛹：体长 9～11 毫米，长椭圆形，黄白色，近羽化时，复眼、头管与鞘翅均为灰黑色，头、胸、腹、足均具疣突，腹部各节具细刚毛，腹末具短刺一对。

3. 生活习性　一般二年一代，少数地区也有一年一代的。以当代幼虫或上代新羽化的成虫在土中越冬。成虫在油茶果实开始迅速膨大的 5～7 月羽化出土，一般以傍晚时分出土为最多。成虫出土后 7 天左右开始交尾，交尾后十天左右开始在果实表皮钻孔产卵，一头成虫平均可产卵 51～129 粒，一般每果产卵 1 粒，每天平均危害 3 个果实，产卵期长达 44～54 天。幼虫经过 4 龄发育，历时 50～80 天，即成老熟幼虫。老熟幼虫能自己钻出果实，入土化蛹，也有的残留于果实内越冬。

油茶象甲的发生，与环境条件密切相关，海拔不高的丘陵是它的高发地区，在同一地点，则以荫蔽潮湿处为多。土壤含水量低于 5％时，幼虫就难以入土，在空气中暴露 6 天就会死亡。

4. 防治方法

（1）冬季深挖　这是减少并消灭土壤中的幼虫和蛹的好办法。油茶象甲高发地区，经过冬季深挖，可以使虫口密度降低 80％以上。

（2）晒坪放鸡　带有象甲幼虫的油茶果实，堆在晒坪时，会有大量幼虫外逃，鸡也特别喜欢吃这些虫子，晒坪放鸡是消灭象甲幼虫的最好办法。

（3）人工捕杀　油茶象甲有假死性，在其羽化盛期，可以通过振动树冠让其掉落，收集并杀灭之。

（4）药剂防治　经试验，在象甲羽化盛期，撒施苏云氏杆菌的成品 Bt 制剂，对降低虫口密度也有明显作用。

四、茶梢蛾

1. 危害状　茶梢蛾主要以幼虫危害油茶新梢和叶片。刚孵化的幼虫，从叶背面咬破叶子的表面，以蛀孔为中心，蛀食叶肉。最后叶面形成一个直径 3～5 毫米的褐色圆斑（潜斑）。有时一张叶片上的潜斑可以多达 20～50 个，致使该叶片枯黄脱落，幼虫则又会转移到其他叶片危害。受害枝梢因水分和养分的供应受阻而转为枯黄，最后枯死。一般枯死部分长 60～80 毫米，蛀道长 52～75 毫米。

2. 形态特征　茶梢蛾，俗称钻心虫、蛀梢虫、茶蛾，鳞翅目尖蛾科昆虫。学名 *Parametriotes theae* Kuz. 。

成虫：雌体长 4～7 毫米，翅展 9～14 毫米，灰褐色，具光泽；触角丝状，深灰色，约与体等长，基节稍粗；前翅狭长，披针形，缘毛长，翅面散生小黑点，中央近后部有 2 个椭圆形黑斑；后翅尖刀形，缘毛长于翅宽。雄体色略浅，腹部尖削，体长 4～5 毫米。

卵：长椭圆形，两头稍平，初产时白色透明，产后逐渐变色，3 天后转为淡黄色。

幼虫：老熟幼虫长 8～10 毫米，淡橘黄色，体被稀疏细短毛，头小，棕褐色；腹足不发达，趾钩单序环，臀足趾钩缺环。

蛹：长 5～7 毫米，近圆筒形，黄褐色；翅痕触角明显，紧贴腹部；腹末具 2 个侧钩，弯向上方，羽化前翅痕为灰黑色。

3. 生活习性　除福建、广东、云南见一年二代外，大多为一年一代。多数以幼虫在叶片或枝梢内越冬，次年 5 月上中旬化蛹，蛹期 15～20 天，羽化后开始交尾、产卵。交尾时间长达 30～60 分钟。成虫夜间活动，趋光性强。卵产于叶柄附近或小枝表皮缝隙中，2～5 粒集成一堆，每雌蛾可产卵 50 余粒。卵经 14～16 天开始孵化。孵化后 30 分钟，即可钻入叶内，开始危害。起初以危害叶部为主，当气温升高到 14℃ 以上时，茶梢蛾由叶片逐渐转移到新梢危害。转移时一般先从梢顶或枝条的叶芽腋间蛀入，多数为 3 龄幼虫，每头幼虫可蛀食新梢 1～3 根。

老熟幼虫转移至蛀入孔处咬一圆形羽化孔，在其下部筑蛹室，并吐白丝膜封闭孔口，孔口距梢顶 40～50 毫米，最长 75

毫米。

4. 防治方法

（1）灯光诱杀 利用成虫具强的趋光性的特点，在成虫羽化盛期，采用黑光灯诱杀。

（2）清除虫源 利用茶梢蛾幼虫在枝叶停留的时间较长，受害枝叶易于识别的条件，及时剪除受害枝梢，清除虫源。

（3）保护天敌 茶梢蛾的天敌很多，已经发现的有寄生蜂 6 种以上，一般寄生率在 30％左右，在茶梢蛾高发地区，寄生率还要高得多。所以，结合清除虫源，将剪下的枝条集中放在一只开口的容器内，在清除虫源的同时，也为寄生蜂的保存和发展创造了条件。

（4）放赤眼蜂 在茶梢蛾羽化盛期，放赤眼蜂，可以有效地降低茶梢蛾的虫口密度。

（5）药剂防治 必要时，对危害严重的林地，在幼虫期喷杀虫药剂，也能有效地消灭茶梢蛾。

五、半边疯

1. 症状 油茶半边疯，又称白皮干腐病、烂脚瘟。病斑多从树干或大枝基部背阴面开始，患病树的皮部局部下陷，以后患部树皮的木栓层逐步剥离，露出光滑的浅灰色皮层，并逐步变成白色。病斑纵向扩展迅速，在树干上迅速形成白色条形症状，树干往往半边生病、半边健康，所以人们称其为半边疯。

2. 病原菌 由真菌引起，属担子菌纲多孔菌目革菌科 *Corticium* 属。病斑上所见的白色层，实际是病菌的子实层。子实体膜质，紧贴于树干，厚 0.1～0.15 毫米，形成一层光滑的白膜。担孢子卵圆形，无色，透明、发亮。

3. 发病规律 过于密集的油茶新品种林分内，管理差，长势弱的林分内，最容易发生半边疯。

病菌多从伤口侵入。病原菌生长的最适温度为 25～30℃，因此，病斑在 7～9 月扩展最快。气温低于 13℃，病斑就停止扩展。

4. 防治方法

（1）加强管理　防止新品种林分树体过早弱化。

（2）合理密植　采用适当的密度，防止树体过于郁闭。

（3）清除病源　发现病株，及时清除，防止病情的扩散蔓延。

第五节　新造林管理技术进展

2008 年以来，随着油茶科技水平的不断提高，我国进入了油茶依靠科技发展的新阶段。如何走好这一步，根据我们的体会，提出以下几点。

一、林地整理与准备

1. 林地选择　油茶适应性广，我国南方计划发展油茶的地方，一般都可以种植油茶，但是，从尽快建成保健食用油的基地出发，在土地条件允许的情况下，最好选择土质疏松、有少许坡度、土层厚度不小于 60 厘米、含石量不超过 20％、排水良好的岗地。种植油茶，当坡度在 30°以上时，应选择阳坡地，这样更有利于发挥油茶高产无性系的增产潜力。

2. 机动车道　我们在整地之前应设计好林道，便于生产管理。一般林道横竖不超过 100 米应设一条，因为油茶在施肥和采果阶段用工量很大，路多修一点更便利。林道宽 5 米，离路 1.5 米栽树。

3. 整地方式

（1）全垦整地　坡度在 3°～20°时，采用挖机整地，可以为基地建设成功提供切实的保证。挖机整地的时间应选择 8～9 月为宜，因为这时候气温高且干燥，所挖到之处杂灌都会干死，即使埋在土里也会死掉。开挖要深，一般在 40～50 厘米，挖时应将杂灌全部翻入土底，让底土翻到地表，并回机，把大块土弄细。若遇耕作过的地，应挖穿耕作土的底层，以利于透水。采用挖机整地，不但成本低，种植之后 1～2 年也不会产生草荒，便于管理。全垦整地的种植密度可选择株行距 2 米×3.5 米，这样可充分利用土地，前期达到高产。种植 8～9 年后，可间伐，将密度调整为 3.5 米×4 米。千万不要舍不得砍，否则会影响产量。

（2）水平带整地　坡度在 20°～35°时，可采用水平带整地。这样整地上山作业更为安全便利。这些年来的种植经验表明，在这种坡度下水平带整地很适用。水平带整地，带面宽 2.2～2.5 米，因为中型挖机的车轮直径多为 2 米。带间斜坡保证在 60°～70°，陡了易塌方。植树定点时，我们把水平带分成 5 等份，树栽在里面 3/5 处，这个位置可使油茶树长得好，而油茶树有喜光特性，向光生长，这样一来就能在带的里面留下一条作业道。种植时一带一行，株距 2 米，待树冠连接时间伐一株，改成 4 米株距。

坡度超过 36°时，不建议种植油茶，因为费工费时，种了很不合算。

（3）挖穴堆土　山场整完后，立刻定点挖穴。全垦整地一定要放线定点，行要顺坡放线，株行垂直。穴规格以 60 厘米×60 厘米为宜，穴底施基肥，基肥用有机肥加复合肥，有机肥可用菜籽饼 0.5 千克或家畜肥 3 千克（加 15％水分），再加入硫酸钾复合肥，肥料要与土壤充分混合，再覆土回填，要求杂灌、根、石块严禁入穴。回填土堆应高出地面 10～15 厘米，这样可以保证在雨后下沉，种植时不形成积水坑。

二、造林新技术

1. 2 年生裸根苗造林　随着科技的发展与进步，国家在大力发展油茶产业过程中的经验与教训很多，证明1年生油茶嫁接苗大规模造林不可用，其原因：一是苗木较小，抚育管理难度大；二是成林、投产时间延长，至少推迟1年。建议在雨水充足地区，年平均降水量超过1 600毫米区域内，用2年生裸根苗造林，具有运输苗木方便、栽植省工省时、操作方便等优点。

要保证造林成功，应注意以下几点：

①气温必须在2～20℃。

②必须下透了雨后栽植，这时利于起苗，山上林地水分也充足，有利于成活。

③晴天应在下午起苗，晚上运输，尽可能防止根须晒伤。

④长途运输装车后不宜在车内长期堆放，堆放和运输时间最长不超过18小时。

⑤苗木到达栽植地点后，下车要立即打泥浆保护根系。

⑥栽植抓住四点八字，即深栽、舒根、踩紧、扶正。

⑦干旱地应浇好定根水。

2. 容器苗造林 容器苗可分为全轻型基质苗和半轻型基质苗，还有大袋苗、小袋苗之分。常用的育苗容器规格见表4-5。

表4-5 常用育苗容器规格

容器规格（厘米）	封底情况	苗况说明
5.5×8.0	不封底	直栽苗，全轻型基质苗
(7～8)×10	封底	2年直栽苗，半轻型基质苗
(7～8)×10	封底	1+1容器苗或半基质苗
10×12	封底	半轻基质苗1+2苗
12×15	封底	半轻基质苗1+2苗
12×15	封底	半轻基质苗2+1苗

注：在别处栽了1年，在袋中栽植2年，以1+2表示。

容器苗一般在降水量少的区域最适用，但也要浇定根水，栽植时一定要把无纺布袋去掉，否则影响根系生长发育。

三、品种配置

随着油茶产业发展不断深入，全国油茶产区对品种认识越来越清楚，长林品种从 1996 年的 18 个品种，到 2008 年筛选至 9 个品种。2016 年，国家规定每个育种单位只能选择 5 个品种推广应用，那么长林品种只能推出长林 4 号、长林 53 号、长林 40 号为主栽，长林 3 号、长林 18 号为配栽。

近两年来，我们及广大种植户，发现长林 3 号有优点，也有明显的不足。优点是产量确实很高，且大小年不明显，缺点是它的果实晒不开裂，有时会成僵果，处理麻烦。故不再继续推荐。

2016 年以后，我们通过江西省认定，增加了 4 个杂交新品种，这 4 个新品种的良种编号为：亚林 ZJ01，亚林 ZJ02，亚林 ZJ03，亚林 ZJ04。因它们都是由位于浙江的亚林所与位于江西的亚林中心合作研发的，所以取名"亚林"，"ZJ"是"浙江"二字的汉语拼音首字母缩写，良种名由此而来。

在这 4 个杂交后代中，通过区域试验，发现亚林 ZJ02 号在夏季降水量充足地区有落叶现象，所以不再推广。推广繁殖的 3 个品种，加上原先保留的 4 个长林品种，共 7 个品种。其中：2 个是早花类型，即亚林 18 号与亚林 ZJ03 号，它们能够同时开花，可以实现互相授粉；4 个是中花类型，分别于 11 月初开花，它们之间也可以实现良好的授粉；而长林 40 号一般要到 11 月 15 日左右才开花，只有 4 个中花期品种的后期开放花朵可以与长林 40 号的始花期相遇。

早花期品种适宜在油茶分布的北缘地区种植。花期偏晚的长林 40 号在油茶产区的南缘种植没有问题，所以，这些年来，长林 40 号在江西省南部及广东省产量非常高。

长林 40 号，原树最初编号为 12 - 6，是最早通过浙江省良种登记的两个品种之一。原树生长地点是浙江安吉南湖林场，初选时属于中花类型，但在推广栽培之后发现其花期偏迟，是中花类型中的迟花品种。由此可见，对于油茶优树花期的认识，也是需要经历广泛栽培后，才能最终认定的。

四、油茶整形修剪

近期，油茶修剪之事争论不休。很多从事果树专业的人，把果树修剪理念直接搬到了油茶上，很不科学，因为没有顾及油茶的自我特性。

1. 油茶整形 油茶是一种生长较慢的树种，为了使幼树快点生长，我们造林时施足了底肥，既有一定量的有机肥，又添加了复合肥等，因此，在定植后的最初 4～5 年内，主要是控制营养生长，避免长得太高。为了促进树冠形成，应采取 20 厘米一盘枝的方法，超过 20 厘米就剪。不过，一定要待枝条半木质化了才剪，如在嫩梢处剪断，就会形成多头芽。在 3～4 年间，如发现有偏冠枝、交叉枝应剪去，以免影响树冠生长。到了 5 年左右，当树冠直径达到 1 米时，剪去 30 厘米以下的下脚枝，以保持通风，避免结果枝着地。

凡是产量高的植株，由于果实生长消耗了大量养分，在进入盛果期后，它就不会抽生大量徒长枝。因此，这些油茶树，才是最受人们欢迎的良种。

2. 叶面积指数 不同品种的叶面积指数有明显不同。一般优良品种有"两高"：一是叶绿素含量高，二是叶面积指数高。这两个指标如果不达标，是不能实现高产稳产的。油茶树自我调节能力强，过密会自行脱落枯枝的。因为油茶经济效益不是很高，过度用工会提高成本。所以，一般情况下可以充分发挥其自我调节功能，以降低管理成本。

3. 表面结果现象 油茶主要是在树冠表面结果，树冠表面积与产量成正比。冠幅表面积越大，产量就越高。反之，如果郁闭度大，冠幅表面积会减少。郁闭度为 1 时，树枝相连，冠幅就是每亩 667 米^2。只有在郁闭度为 0.6～0.7 时，冠幅最大。所以，有人提出用修剪的方法来控制郁闭度。但实际生产中，这是不可取的。因为，除了地上的枝叶交叉，地面以下还有根系的交叉。所以，生产中有效的措施，是通过疏伐来调节林分内植株间地上部分和地下部分的关系。

五、杂交新品种

生产上推广的 3 个杂交新品种的主要性状见表 4-6。

表 4-6　杂交新品种的主要性状

部位	亚林 ZJ01	亚林 ZJ03	亚林 ZJ04
树形	自然圆头形	直立形	自然圆头形
叶	叶片大，渐尖，反光	冬季叶柄背面带红、纯尖	纯尖
花	花瓣 8 片，排列成圆形，无缺口、无空当	花瓣 6 片，顶端带红	花瓣 10 片，排列成圆形，无缺口、无空当
果	青果近橘形，较圆平	红果橘形	青果近橘形，脐部凹凸明显
主要特征	叶片反光，近橘形，果圆平	红果橘形，花瓣顶端带红	果脐凹凸明显

第五章

油茶果实采收处理与加工

第一节　采　　收

一、适时采摘

严禁提早采摘。据测定，油茶油脂转化，主要是在采收前的1个月内完成的。种仁含油率，每3～5天就能提高一个百分点。据江西新余市新品种试验林的采收结果，10月15日采收的，每100千克茶果可出油5.6千克，采收期推迟到10月22日，每100千克茶果可榨油6.5千克，两者比较，推迟1周采收，实际榨油率可以提高11.6％。所以，坚持适时采收是增产增收的有效措施之一。

最适宜的采收期，应当在果实成熟期前3天开始到成熟后7天内完成。

二、采收方法

采收果实时正是油茶花含苞待放之时，所以，严禁折枝取果。

采收时要一个一个山头、一个一个作业区完成，以防漏采。采收要在几天内集中完成，否则果实开裂，茶籽落地，会造成不必要的损失。

在习惯采用落籽扫籽采收的山区，发展新品种后仍然可以采用习惯做法完成采收。

三、验收规定

丰产林面积必须用仪器实测或按测量过的施工设计图逐块核实，不得估测。

丰产林的产量是采收后实际过秤数的总和。根据有关油茶丰产林的验产标准规定，面积在 18 亩以上时，可按 30％随机抽样选择样地计产。

产油量折算，随机抽样 3～4 个，每个样品 1～2 千克，实测干出籽率、干种仁率和种仁含油率，按产果量×干出籽率×干种仁率×种仁含油率×0.92（一般风干种仁的平均含水量为 8％）计算。

第二节　采后处理

果实采回后，最好能够堆放在可以遮雨的棚内，不让雨淋，并让其继续完成后熟作用。这种堆放，果壳内的一些养分仍然会合成新的油分，并及时贮藏于种仁。据测定，采后堆放 3 天，能够使种仁含油率提高 1 个百分点。所以，采收后只要不让水淋，适时堆积，是有利于提高出油率的。

但是，如果过高堆积，也有不好的后果，因为过高堆积会引起果实发热，不仅无法增加种仁的油脂含量，还会直接影响油质。所以，采收油茶果实的堆放高度一般要小于 80 厘米，绝对不要超过 1 米。

充分成熟的油茶新品种果实，果壳较薄，心皮缝合线极易开裂，一般只要经过 2 天暴晒，就能自动裂为梅花瓣，散出种子。即使有个别仍然残留于果壳内的种子，因为果壳开张度好，一般在收集过程中也能自动脱出。极个别仍然嵌在果壳内的种子，也极易通过人工清出。所以，堆积在一起的油茶果实，从第四天起，就可以摊开暴晒。果实暴晒时的摊放厚度，最厚可保持在5～10厘米，有2～4层果实。但是，一次摊放超过2层的，每天要翻动1～2次。为了节省用工，也可以只摊一层油茶果，不予翻动。以上两种方式处理，只要经过2～3个晴天，就能在下午从中清出茶籽。清出的茶籽，再经过5～7天暴晒，含水量就可以降低到8%左右。经过这样充分干燥的油茶籽，即可装入具有通气功能的麻袋，进仓待榨。

如遇到阴雨天气，对捡出的茶籽最好能及时烘干，以防茶籽发霉变质。尤其是破碎的茶籽，如不及时干燥，是容易发霉变质的。已经发霉的油茶籽，其油脂会迅速氧化变质，酸价会提高，亚麻酸的含量也会有所降低，油的总体品质会明显下降。因此，用于榨油的茶籽必须及时装袋并存放在干燥处。

第三节　榨油与浸提

一、榨油

1. 榨油机械　从茶籽中提取茶油，目前主要是采用压榨法。我国农村传统的榨油工具为木榨机，劳动强度大，出油率低。它将逐渐被液压机和螺旋机所代替。

2. 预处理

（1）粉碎　将油茶籽去壳，为避免脱壳困难与种仁破碎过多，必须控制茶籽的含水率在5%～6%，脱壳后通过粉碎机加工成粉状。若是采用石碾，必须在碾轧过程中过筛若干次，才能轧得细匀，无粗粒，得到较高的出油率。

（2）蒸炒　蒸炒的目的是把生料变成熟料，使料坯颜色加深，并处于最适宜油分流出的状态，这是压榨前一道关键性工序。

传统的蒸炒是用木甑蒸和铁锅炒。生料先经蒸汽或喷水湿润后再炒，叫"湿蒸炒"；不经湿润就炒，叫"干蒸炒"，一般以"湿蒸炒"为好。蒸炒时的水分和温度，因使用的机械类型不同而不同。用液压机和木榨机，其炒料温度一般在 110～120℃，蒸炒后的含水量为 7％～8％。用螺旋榨机其炒料温度一般在 130～140℃，蒸炒后的含水量为 3％～4％。

3. 压榨　按规程逐步增加压力，使油分充分析出。

4. 冷榨　采用螺旋机，可以实现油茶籽的冷榨。用于冷榨的茶籽，要充分干燥，基本清除好茶壳，再用螺旋压榨机榨油就行。

二、浸提

1. 原因　油茶籽种仁的含油率一般大于 40％，有的可以超过 50％，发育饱满的油茶籽，出仁率一般也在 60％以上。所以，100 千克油茶籽实际所含的油分应当在 25～35 千克。但是采用压榨法，出油率往往只有 15％～25％。据实际测定，榨油后剩余的枯饼内，至少含油 6％～8％。这些油分可以通过有机溶剂浸提而得到。

从生产的方便出发，有的甚至一开始就采用浸提法提取油脂。将原料做好预处理后，就直接采用溶剂提取油脂。

由于油茶籽内含油量很高，所以生产上也有先作粗榨，再将茶枯立即浸提，采用压榨与浸提相结合的办法来完成油脂的提取的。

2. 浸提的工艺流程

（1）油茶籽的预榨车间　原料（茶籽），破碎，轧胚，烘干，压榨。

（2）油饼的浸出加工车间　毛溶剂回收，浓缩，浸出油，出毛油，溶剂回收，蒸粕，出粕，过滤，脱胶，脱酸，脱水，脱色后就成为食用油。

（3）油脂的精炼加工车间　经过脱脂、脱臭制成精制茶油。

经过上述工艺流程，1吨茶籽可提炼精茶油300千克（毛茶油350千克），出油率30％；产茶粕600千克，出粕率60％（10％的水分烘干时蒸发）。

第四节　茶油的一般纯化

一、毛茶油的特点

油茶籽经预处理、压榨或浸出、精炼工序的处理可得茶油，茶油属不干性油（与橄榄油一样是有代表性的不干性油），色清味香。茶油主要由油酸的甘油酯构成，饱和酸构成的酯（固体酯）含量较少，在一般的植物油中油酸含量最高，油酸、亚油酸、亚麻酸三项合计，含量高达90％以上。

茶油是我国南方丘陵地区居民的传统食用油，其凝固点低（−15℃左右，比橄榄油低10℃左右），低温稳定性好，同时由于茶油中容易自动氧化的多不饱和脂肪酸含量较低（碘价较低），比其他液态油稳定，用于食品工业可以提高食品的营养价值和风味，用茶油来煎炸食品，比用其他食用油有更佳的效果（色泽鲜黄，香酥可口）；因为茶油对皮肤的刺激性小，且吸收波长短的紫外线的性能好，故茶油在日本除了食用外，主要用途是作为化妆品用油，如头发油、防晒油和润肤油等。

茶油中的不饱和脂肪酸（主要是油酸，也包括人体必需脂肪酸的亚油酸和亚麻酸）含量高是其主要特性，近年来茶油在保健及医药上的用途日见广泛。由于茶油被人体吸收后可防止血管硬化，故其是优良的保健用油脂（现在产地其售价比普通食用豆油、菜油高4～5倍，仍供不应求），可用来辅助治疗高血压和肥胖病。

毛茶油虽然本质非常好，但是一般总含有各种杂质，如果采收过早，或者处理过程中出现茶籽破碎、受潮霉变的情况，除了一般混有茶籽碎屑、水分、胶质和微量成分外，还有大量的游离脂肪酸，这样的油用于烹调，必须先经过高温，让其出尽油烟。

二、茶油纯化的要点

目前市场上常见的色拉油茶油，则是通过多次纯化后获得的。主要有五大步骤：脱磷，脱胶，脱酸，脱色，脱臭。其基本原理，就是利用碱对混于油中的各种成分加以氧化和中和。

1. 脱磷　将原毛油放进碱炼锅中，加入比原毛油温度高5～10℃的热盐水，使原毛油中的磷脂、蛋白质、胶粘物质吸水膨胀而分离出去。

2. 脱胶　主要是将在榨油过程中，可能混入的各种胶质，全部脱净。

3. 脱酸　根据原油酸价，选择不同浓度的碱液，按原油重量的一定比例加入碱炼锅内进行中和，使之形成皂粒，经过沉淀后排出。

4. 脱色　将脱酸后的中性油在真空的脱色锅中加热干燥后，加入约为油重3％重量的活性白土，吸附油脂中的色素，再用过滤机把白土过滤分离出来。

5. 脱臭　将脱色油在真空的脱臭锅中加热到245℃以上，喷入适量的水蒸气，在气—液相接触的表面，水蒸气被挥发出的臭味所饱和，并按其分压出的比率逸出，被真空泵抽出。脱臭后的油冷却便是精制食用油。

经过加工的茶油色拉油，颜色和亮度得到了提高，混在油中的游离酸成分也得到了中和，臭味也能基本消失。只是在纯化过程中，对茶油具有保护作用的抗氧化剂茶多酚类等物质，也会被彻底破坏。所以，它的保健功能会有所降低，在有氧条件下，也极易氧化耗变。所以，茶油色拉油一经开封，必须在 2 个月以内予以食用，否则会自动耗变。

三、精制食用茶油的质量标准

精制山茶油，要求澄清，透明度高，色泽黄 10（罗维朋比色槽 133.4 毫米）、红 0.2（罗维朋比色槽 133.4 毫米）；酸价 ≤0.2毫克/克；气味、口感好，过氧化物≤5 毫克/千克，不皂化物≤1%；水分及挥发物≤0.10%；烟点≥215℃；杂质≤0.05%。

四、优质茶油的生产技术

据油茶产区农民的经验，茶油榨出后，经过一天沉淀，就可以清除混在茶油当中的少量水分和杂质。清除了水分和杂质的茶油，可以在常温下贮存 20 年不变质。

清除水分的工作，可以采用油水分离器进行。由于油水本身不能相溶，水的比重又比油大，静止后，水分会自动沉于容器底部，所以，只要放掉沉在底部的水分，就可以达到除去水分的目的。

混入油内的少量杂质，浮在油层表面的，可以通过人工加以劈除。混入油中的杂质，必要时也可以通过高速离心予以彻底分离。

采用这些方法得到的茶油，具有茶油固有的香味，抗氧化能力强，保健功能也更好，应当作为优质纯化油供应市场。

五、有机茶油的生产要点

随着茶油保健功能的发掘，有机茶油的生产也提到了议事日程。

在广大荒山僻壤生长的油茶树，它的生长环境是纯天然的，一般管理中也极少使用农药化肥，所以，多数情况下，它所提供的食用油，都属于有机食品。

为了保证茶油的有机食品品质，除了在加工环节当中强调不添加任何不良成分，提倡采用物理方法纯化油脂外，在基地建设中务必注意林地的选择，一定要避开那些已经有各种污染的林地。在油茶林管理中，也要禁止使用具有剧毒或能长期污染环境的农药和化肥。在油脂的贮藏和保存中，还要严格执行防止油质耗变的各种措施。

第五节　药用茶油的生产工艺

如果要用作药品，作为危重病人的静脉输注用油，以满足无法经口进食的病人的超高代谢需要，或者作为药物的溶媒，改善药物在机体中吸收利用状况，这就更加需要对其加以纯化。因为含有杂质的油脂制成的注射液可引发机体热原反应，严重威胁到患者的生命安全，因此，必须通过特殊的精炼工艺，茶油才可作为药物的溶媒，或直接作为静脉注射用药。

从总体讲，茶油中的胶质含量不高，不需专门的脱胶工序；由于注射用茶油对酸价、色泽及其他杂质的要求较高，故工艺中脱酸、脱色、脱臭等工序必不可少。据分析，茶油中的微量成分主要有：作为不皂化物的植物甾醇，甲基甾醇类和皂苷类物质。常见的植物甾醇有茶油甾醇、豆甾醇、β-谷甾醇，常见的甲基甾醇有香树精，常见的皂苷类物质是山茶皂苷。混在茶油当中的微量组分大多是可以通过碱炼精制而除去的。

一、注射用茶油的质量标准

注射用茶油现暂无国家标准，生产企业主要根据厂商的要求进行生产，外贸上要求的注射用茶油理化特征及标准见表5-1、表5-2。

表 5 - 1　外贸茶油的理化特征指标

项　　目	比重 （4～20℃）	皂化值	折光指数 （20℃）	脂肪酸 凝固点	碘值	油酸 含量
理化指标	0.909 6～0.920 5	193～196	1.467 9～1.469 0	13～18℃	83～89	≥78%

表 5 - 2　注射用茶油的质量标准

项　　目	理　化　指　标
透明度	澄清，透明
酸　价	≤0.3 毫克/克（≤0.15，日本）
气　味	无气味
过氧化物	≤1.5 毫克/千克
色　泽	Y10 R0.2（罗维朋比色计 133.4 毫米槽）*
冷冻试验	0℃冷藏 5.5 小时以上澄清透明
水分及挥发物	≤0.10%
不皂化物	≤0.90%

注：*《中华人民共和国药典》色泽标准 2 号色。

另外，重金属（铅等）要求≤2 微克/克，砷要求≤0.4 微克/克，其他医药卫生指标（如细菌、毒性、热原等），应符合《中华人民共和国药典》对注射剂（溶媒）的要求。

从上述注射用茶油的质量指标中可以看出，与一般的食用高档油脂相比，主要对油品的色泽、酸值、过氧化物及重金属和卫生指标等提出了较高的要求，尤其是色泽与过氧化物两项指标。因此，注射用茶油的生产工艺，一般采用与间歇式高档油精炼相似的工艺，并根据需要将整个工艺过程分成精制及净化两个工段，应全部选用不锈钢设备，在每道生产工序中严格按操作规程要求，控制好有关指标，从而保证产品的质量最终达到注射用油的要求。

二、药用茶油的生产工艺

1. 毛油预处理　由于用压榨法取得的毛茶油品质较好，一般仅需要作过滤处理除去其中的饼屑即可，经过过滤后杂质降至 0.2% 以下即可进入下道工序。用于医药用的毛茶油，一般应当在榨油车间就必须完成对杂质的过滤。

2. 碱炼 考虑到毛茶油中胶质含量较低，一般茶油的酸价也不高，故一般只要经过一次性碱炼就能达到质量要求的标准。茶油碱炼有两种方法。由于茶油本身纯度高，性质比较稳定，所以，最常用的方法是低温碱炼法。具体做法是：控制毛油初温25℃，加碱量根据毛油的实际酸价按公式［理论碱量（吨）＝ $7.13 \times 10^{-4} \times$ 油重×酸值］计算理论碱再加油重 $0.10\% \sim 0.25\%$ 的超量碱确定，碱液的浓度控制在 $12.66 \sim 14.35$（$18 \sim 20$ 波美度），要求碱液在 10 分钟内加完。开始时搅拌速度 70 转/分钟左右，碱液加完后应继续搅拌，并取样观察，当出现皂粒凝聚较大且与油呈分离状态，则放慢速度（30 转/分钟），同时开间接蒸汽升温，升温速度控制在 1.5℃/分钟左右，再取样观察，当皂粒变大且稳定，并与油分离较快时，则应停止升温，同时加入盐水，然后停止搅拌，让其沉淀，一般沉淀时间要求在 10 小时以上。

碱炼时最重要的是要控制好碱液用量。在以往的工艺设计中大多数采用泵体输送，但泵输送很难保证量的准确率。考虑到注射用茶油酸值控制很严格，以选用小容量专用比配设备，采用气体压送，专用喷头喷入碱液进锅较为适宜。

3. 水洗 完成碱炼并让其充分静止析出沉淀后，把上层油吸到水洗锅，搅拌，将油温升至 80℃左右，然后用温度 85℃ 的热水进行洗涤 3 次左右，以洗净仍然残留于油中的碱液。水洗用水总量可以控制在油重的 10% 左右，洗涤时要作慢速搅拌。水洗是否合格，要通过与预先配置的滴定液做对比试验，以不显示明显碱性为准。

4. 脱色 通过真空将油吸入脱色罐，升温至 95℃脱水，脱水时间控制在 $20 \sim 30$ 分钟，降低水分至 0.1% 以下（具体标志是罐内水汽基本消失）。降温至 90℃左右加入白土（可事先与少量油混合调浆，并一次性吸入脱色罐；在实际生产中有的油品采用干白土真空吸入，效果会更好），白土加入量为油重的 5% ～

7%（具体用量视成品油要求而定）。脱色时间控制在 20 分钟，真空度（残压）为 97～99 千帕，冷却至 80℃以下过滤。

为达到更好的脱色效果，白土与茶油要充分、均匀地混合。有人设计了特制的白土喷嘴，可以达到均匀混合的目的。

5. 脱臭 将脱色油吸入经特殊设计的脱臭锅，先用间接蒸汽升温至 110℃，再用导热油升温至 150℃时开直接蒸汽翻动，此直接蒸汽为过热蒸汽，直接蒸汽应先开大一些，但以不使油飞溅太厉害为好。继续加温至 240℃，此时到分离器取样观察，样品保留。计时 2 小时后再取样与原先的样品作比较，如色泽淡下来，稠度稀了时，关小直接汽阀门，再计时 2 小时后关掉加热系统与直接蒸汽，然后进行冷却，当油温降至 70℃时，关闭蒸汽喷射泵，让油继续冷却（在蒸汽管中通入冷却水），一直到油温为室温（25℃左右）才能翻锅。脱臭的真空系统采用三级蒸汽喷射泵或四级泵，真空度（绝对压强）控制在 300 帕左右。

常规脱臭器经常出现开始冷却阶段由于油温度高而引起冷却管压力过高，从而产生盘管、锅体剧烈震动（有拉断盘管的可能）现象，这是很危险的。为避免这个问题，在工艺与设备的设计中，考虑在开始阶段采用高温水外加泵力强制冷却（水温加高、水量加大以不至于盘管内水蒸气压力过高）。

6. 冷冻（冬化）处理 将脱臭茶油用气体压送入冷冻结晶罐，进行冷冻处理，当油温降至 3℃以下时，停止夹套中冷冻剂的循环，使油温继续降至 0℃左右，并保持 5.5 小时，然后进行过滤。

由于采用的过滤介质是药用滤纸（药用油过滤专用膜），冬化设备的冷冻系统应采用自动控制。防止因温度过低造成结锅现象。否则，将会影响注射用油的质量。

三、药用茶油的质量指标控制

1. 药用茶油的原料油要求 外观为淡黄色的澄清液体，酸值不超过 3，皂化值 185～196，碘值 80～88。为保证卫生指标合格，一般不用浸出茶油而采用压榨法制得的茶油。考虑到注射用茶油对卫生指标要求很高，有些外商对油茶籽的产地也提出了要求，如龙游田雨山茶油开发有限公司就采用经核定的浙江省常山县及江西省婺源县一带的不受农药及工业污染的地区所产油茶籽制得的原料茶油。

2. 成品油酸价及过氧化物含量控制　为保证成品茶油质量，要求控制精炼后茶油酸价为 0.15 左右，过氧化物含量在 0.01%，并尽可能避免接触空气，这样才能保证产品的酸价低于 0.3，过氧化物含量在 0.02% 以内。

3. 成品油色泽的控制　由于注射用茶油对色泽的要求很高（近乎无色），故要求压榨法取油时蒸炒工序一定要控制好，防止料坯结焦而造成毛茶油色深；同时，脱色工序一方面要选脱色效果好的脱色剂，另一方面要严格控制脱色温度，并保证白土的用量，只有这样才能保证茶油的色泽达标。目前的工艺由于白土用量较大，脱色损耗较大，茶油最终的精炼率为 85% 左右。

4. 控制重金属超标　为控制茶油的重金属（铅等）不致超标及尽可能减少金属离子对茶油的作用，在工艺安排中建议采用如下措施：一是所有接触油脂的设备、管道、管件、仪表和阀门的材质全部选用不锈钢（特别是输送设备如齿轮泵等），不得有铜质接触油脂，所有的减速机均配带接油盘；二是对脱臭锅等需用水银真空指示装置的设备加装防止水银（汞）倒吸入油品中装置；三是各润滑部件严格控制使用普通含铅基润滑剂；四是成品油的包装材料严格使用合格的材料。

5. 冬化处理的作用　经精制的茶油在气温较高时，外观及透明度等很好，但在冬天气温接近 0℃ 时，往往可能出现丝带状的絮形漂浮物（根据化验为非蜡质，是固体脂，也有可能为残留的胶质），从而严重影响产品的质量。开始采用传统的不锈钢高位储罐自然结晶（由于茶油在冬天生产较多，气温在 <5℃ 情况下），经过过滤也可以达到较好的效果。但因冬季温度波动较大，

有时在市售中实际临柜温度比国家有关色拉油标准（0℃ 5.5 小时清晰）要低得多，仍会出现沉淀物现象。考虑到注射用油的需要，才引入冷冻（冬化）工艺。

茶油冬化工序的工艺参数与大宗油脂无多大差异。需要特别引起注意的是这一过程不允许温度过低，油温控制在3℃左右为佳。为此，采用了多夹套形式，还特别注意确定油量与冷冻液量之间的关系。

为保证冬化效果，工序后段的过滤也很重要，在进行工艺设计时，就需要考虑产品等级、过滤温度及当地或原油脂的组成情况等。为此，在净化注射用茶油时，采用全不锈钢过滤机双层过滤，也就是在滤油机过滤纸或者过滤膜面上加覆滤布（用脱脂棉做），这样的过滤介质可使产品获得更高的等级。此外，在冬化过程中，为提高过滤速度并保证产品的质量，可以先过滤上层油，后过滤下层油。

四、如何延长药用茶油的保存期

在注射用茶油的开发过程中，人们一直都很重视如何延长茶油的保存期。由于经过多脱之后，原茶油中富含的天然抗氧化剂所剩无几，且茶油中不饱和脂肪酸含量在90％以上（精制后），所以在过氧化值的控制上成了问题的焦点。根据油脂化学知识，用一般设备加工的成品油在最初两个月内，均可以达到相应的等级，无须特别注意。注射用茶油（或化妆品用油）由于环节较多，往往要经过较长的时间才能到达目的地，这样就有可能使原本达标的产品，到用户手中时存在超标的危险（特别是夏季）。为此，必须在前道工序中提高要求，以达到预期效果。

另外，在过氧化值本身偏高不多的情况下，对精制的茶油，采用再次深度冷冻静滤，同样可以达到注射用油的标准。这是因为过氧化的油脂在温度较低情况下，还是比较容易结晶的，从而可以用过滤法加以去除。

第六节　其他有效成分的利用

油茶的主要产品是油。但是，它在提供大量油分的同时，也能提供大量饼粕和果壳。已经有许多人在饼粕和果壳的利用方面做了大量调查研究。有的利用油茶果壳提取糠醛，有的利用油茶果壳培养蘑菇，有的利用果壳生产农业上急需的钾肥，还有人做过利用油茶果壳制造活性炭的试验。至于从饼粕中浸提油，并生产皂素和饲料的则更多了。

油茶饼粕内含皂苷，即皂素，高达 13.8% 左右，即使油茶的果壳内也含有皂苷 8% 以上。另外，茶壳内所含的钾元素也是相当丰富的，一般可达 1%～2%，所以历来就是制造碳酸钾的好原料。目前真正在生产中得到应用的，还是利用饼粕提取皂素，生产工业生产有需求的茶饼粉，以及利用果壳生产碳酸钾这两项。

一、茶皂素的提取与利用

茶饼粉碎后泡水，民间称为茶枯水。用茶枯水洗发或洗毛织物，在我国历史极其悠久。天然皂苷是多羟基非离子活性剂，发泡力强，泡沫稳定性好，并不受水质影响。无论在软水地区或硬水地区，都能使用。洗后头发爽滑松软，能有效止痒。用皂素制成的洗发液，还适宜于低温贮藏。据《本草纲目》记载，茶枯水洗头，还有抗炎症功效。所以，深受群众欢迎。

利用茶饼提取茶皂苷的做法，可以采用水萃取或溶剂萃取两种方法。具体提取过程是基本相似的。先将茶饼粉碎，而后浸入提取液，离心后残渣用于生产饲料，滤液，经过澄清、浓缩并干燥，就可以得到皂素的初制产品。

采用水萃取的好处是不用溶剂，生产方法简单，但浓缩耗能多，得率也低。用溶剂提取，最好能用甲醇提取，也可以用乙醇提取。耗能少，但溶剂对人有毒，对生产工艺要求较高。

用于配制洗发剂或其他用途的皂素，需要经过精制。精制过程的主要内容是脱色。具体做法是，先加入热酒精，使其溶解。再加乙醚，并让其冷却、结晶。将结晶物滤出后，充分淋洗，再在真空条件下干燥，就能得到理想的成品。

皂素除了直接用于洗涤，还可以用于纤维板和人造板制造工业。植物纤维是一种亲水性材料，纤维之间的孔隙极易因吸水而变形。为了提高纤维板和人造板的防水性能，就必须均匀加入疏水性材料，这就是纤维板、人造板的"施胶"工艺。这项工艺一般是用石蜡完成的。但是，因为石蜡既不溶于水又不会皂化，所以必须加入乳化剂。而皂苷就是石蜡最好的乳化剂。经试验，使用茶皂素石蜡乳化剂，比用油酸铵、油酸钠等的效果都好。它的乳化力强，使用方便，可在各种季节使用，纤维板产品质量稳定，并能大量节省植物油和农用氨水。

提取皂素之后的残渣进一步去毒后，可以生产成动物饲料。未经去毒的残渣，粉碎成具有一定粒级细度的粉末后，还是机器制造业方面用于光洁产品表面并防止机器产生锈蚀的优质材料，在国际市场上很受欢迎。

二、茶碱的制作与利用

利用油茶果壳，生产碳酸钾的历史也很悠久。因为方法简便，产品销路好，所以，一直在进行生产。

其具体操作过程，就是将油茶果壳慢慢燃烧，使其放出的二氧化碳，能与其内部的钾元素，形成碳酸钾。最后将灰溶于水，逐步干燥，让其自然析出碳酸钾就行。

利用油茶果壳慢慢燃烧，还可以用来人工干燥油茶果，实现人工控制下的油茶果的脱籽与干燥。

由油茶果壳生产得到的碳酸钾，是一种优质钾肥，可以与其他肥料一起，直接应用于农业生产。

第六章

用新品种改造老林

第一节 改造目的

我国油茶面积曾经达到过 6 000 多万亩，现在仍然保留有 5 400 多万亩，但产油量一直不高，总产茶油只有 20 万吨左右。虽然各地都有许多亩产高达 30～50 千克的小面积丰产记录，新中国成立后也有过多次大规模的油茶低产林改造工程，但大面积低产的局面一直没有得到根本改变。

油茶低产局面的改变，还直接与我国山区的开发有关。因为我国油茶的分布地，多数是我国贫困人口的分布地区。改造油茶低产林，能直接为这些贫困地区的发展服务。

一、低产林的现状

造成油茶大面积低产的原因是多种多样的。据对一些典型低产林的调查研究和分析，主要原因有以下 5 个。

1. 品种差　果小、皮厚，出籽率、出油率低，参差不齐，多数开花偏晚，结果性能差。

2. 林分稀密不均　一般缺株严重，植株长势和整个林相都较差。

3. 病虫危害严重　有的林分，感病率几乎达到100%，落果率达到1/3以上。

4. 管理粗放 年年只收不管，基本处于失管荒芜状态的林分占到整个油茶面积的 1/2 以上。

5. 林地贫瘠 不合理的垦复，使土层越来越薄，土壤肥力越来越低。

二、改造目标

通过长时期综合措施的应用，使大面积油茶的产量增加 1～3 倍，亩产油稳定在 15 千克以上。

三、改造策略

1. 更换品种 在保留原有林分的高产优良植株以外，要对原有林分植株的 30%～50%，通过大树高接或栽植新品种大苗予以更换。

2. 调整密度 密度稀的进行补植，密度太大的要适当疏伐。

3. 加强管理 通过适时除草、冬春垦复、合理施肥等管理措施，每 3 年轮换一次，以全面提高林地的生产力。

4. 防治病虫害 要结合当地实际，做好重点病虫害的防治。

第二节 改造措施

一、带状垦复

垦复方式：垦复是油茶低产林改造的重要措施之一。实践证明，垦复之后，当年有收，次年丰产，第三年仍然有效。但是，过去油茶经营中强调的是"七挖金，八挖银"，主张伏天铲山，长期采用的这种做法，特别是在陡坡条件下仍然过分强调全垦或全铲，引起严重的水土流失，使许多油茶林，最后成了只见石头不见树的荒山。所以，在油茶低改工作中，一定要以保持水土为核心，采用每 3 年轮流垦复一次的做法，以保证油茶林地的长期可持续经营。

具体做法：每隔 2 行挖 1 行，宽度 1.5 米，即每隔 3 米，挖一带，带宽 1.5 米。深度 20 厘米。翻挖时土块不打碎，以利于蓄水保土。

垦复时间：每年 10～12 月。

二、补植

稀密不均是造成低产的重要原因之一。目前油茶林分当中，除少数地段保留的植株较为整齐外，大部分油茶林，植株稀疏，缺株严重，估计目前投产的油茶林，每亩植株数量不超过 40 株。

缺株严重的地段，往往也是立地条件比较差的地段。所以，补植要采用高标准要求，通过挖大穴，深施基肥，表土回穴，达到栽一株活一株，成活后能正常生长，并尽快进入结果期。

整个补植工作，一般可以分三年逐步完成。

补植位置：结合垦复挖带，在带内补植。凡株间距离超过 5 米者，即补植一株。

挖穴规格：50 厘米×50 厘米×50 厘米。

穴底施肥：每穴施复合肥 50 克。

表土回穴：将开挖附近 2 米以内的表土，全部回填到穴内。

经过补植，要求确保每亩有油茶树 60～80 株。

补植时间：每年 12 月以后，抓住雨后时机补栽。最迟不晚于 2 月底。

三、嫁接换种

1. 重要性　品种混杂、良莠不一是油茶林低产最根本的原因。根据长期观察，实生林分的产量主要来自少数高产植株。一片林分内，一般总有 1/3 以上植株是年年不结实的。这些植株，有的是严重病虫害株，结了果年年脱落，不仅自己不能提供产量，还会广泛传播疾病，直接影响其他植株的正常结实。有的则因为开花太迟，花期气候条件无法保证其实现正常的授粉受精，所以也表现为年年只开花、不结果。通过对这些基本不提供产量的植株的改造，就能使整个林分的产量提高1～2倍。

2. 品种来源 嫁接品种主要取自于经过多点试验已经确认为优良无性系的长林40号、长林4号、长林3号、长林53号和长林18号等高产优良无性系。

3. 改造时间 每年5～6月进行。

4. 改造株的确定 在基部地段，由于密度大，植株长势较旺，可以采用每3行嫁接1行的办法。整片油茶林，根据油茶实生林1/3植株的产果量可能占整个林分产量的2/3、有1/3植株基本年年不结果的事实，改造计划主要按照其当年产量的高低，并根据其植株生长状态，按每4棵改造1株的比例，开展低产株的嫁接改造。每亩嫁接约20棵，一般情况下，全林可以分1～3年完成。

考虑到油茶嫁接的困难和优良接穗来源的难度，计划第一年以训练人员和培养自己的采穗基地为主，第二、第三年逐步全面推开，以达到全林更换劣种的目标。

5. 嫁接方法 采用保护条件下的单面插皮接技术。

（1）接穗切削 采用拉切法削接穗。具体做法是：桌面放一长条小木板，用左手压住接穗，使接芽和叶柄侧向卧于木板，再用单面刀片在接芽下方2毫米左右起刀，沿枝条走向与枝条成5°左右的夹角拉切，保证切面长超过3厘米，而后将枝条翻身180°，再在接芽的另一侧按上述方法拉切第二个切面，切面长也要超过3厘米。最后在离接芽3～5毫米处切断，使其成为一根接穗。

削成的接穗，削面见到的两边，要有长短，但相差不能太大，长边与短边之间的差距保持在3～5毫米。并保证长边要稍厚于短边。

（2）砧木准备 一定要选在比较平整的部位嫁接。断砧后，要削平断口，选年轮较宽的部位，斜切一个 2～3 毫米的小口，口以下直切一刀，开口处剔开一边皮层，以利于插入接穗。

（3）插穗绑扎 将接穗削面，短边朝里，长边靠外，将其由挑开的砧木皮层中，插入接穗的整个削面，让砧木皮层基本上包裹住接穗削面，只让接穗稍见白色外露。而后沿皮层开口的相反方向绑扎。以单层绑紧为好。

完成嫁接后，还要加薄膜罩保湿，并适度遮荫，以保证嫁接成活。

四、施肥

油茶施肥是一项有效的增产手段。即使在茶油产值不高的年代，施肥也有明显的经济效益。一般投入与产出比能够达到 1：3，甚至 1：4 或更多。所以，在土壤条件一般的条件下，要保证每年产油 20 千克以上，坚持合理施肥也是重要的因素。

以往的试验已经证明，从未施用肥料的油茶，无论施什么肥料，都是可以增加产量的。而有机肥料的施用，对于满足植物对各种肥料成分的需要，保证油茶树的正常生长和结实，维持可持续经营显得更为重要。所以，施肥方面我们一方面要积极倡导有机肥上山，提倡间种绿肥，与此同时要坚持施用有机复合肥，至少也要施用优质复合肥。

施肥数量：每亩每年 15～30 千克。

施肥方式：采收后结合垦复施肥，先施再垦。

五、劈山

林地荒芜，杂灌丛生，是油茶逐步失去生产力的又一大因素。油茶特别耐荫，即使长期荒芜，一般也不会彻底死亡。这种状况也是其能够长期在山地正常生活，不易被迅速彻底消灭的原因。从这一点出发，油茶确实是一种优良的生态林资源。

为了提高油茶林地的生产力，改变油茶林地的荒芜状态也是一项重要措施。长期以来，油茶产区流行"七挖金，八挖银"的说法，在抚育季节上，一般坚持每年插田结束后上山铲山，通过约 10 厘米左右的中等深度的铲山，实施抚育。

最常见的这种油茶林抚育措施，虽然免除了油茶的荒芜，但往往也带来了严重的水土流失。因为，高温干旱的夏季，也是这一带常见的台风和夏季暴雨季节，由于连续多年的暴雨冲刷，一些油茶林地的土层越来越薄，致使整个油茶林地的生产能力越来越低。

在油茶低产林改造当中，应当以劈山抚育来代替铲草，并把劈山抚育的时间，推迟到采收前夕，这样做既可以有效地解决林间杂灌和各种杂草与油茶争夺养分的矛盾，也特别有利于林地的水土保持，还能为油茶的采收提供方便。

方式：全面劈山。

劈山时间：采收前。

劈山基本要求：通过劈山，清除林内一切杂灌，林间杂草保留的高度不超过 10 厘米。

六、病虫害防治

油茶炭疽病是造成油茶大规模落果的主要原因。据研究，因受炭疽病危害，一般油茶林的油茶产量减产比例在 30％以上。低产林改造试验地内，油茶炭疽病的危害率也比较高，到年底仍然可以在植株上见到因受炭疽病危害形成的油茶裂果，地面可见的油茶炭疽病落果则更多。

油茶炭疽病，提倡综合防治。其中尤其以清除病源最为有效。所以，除了通过嫁接换种改造病株外，还要结合劈山清除严重感病株，以逐步减少油茶林的病源。

除了油茶炭疽病，油茶林内还有许多虫害。在推广油茶无性系造林的条件下，有些虫害日益猖獗，有的甚至成了油茶优良无性系栽培的极大障碍。这些虫害主要有油茶象甲、蓝翅天牛、茶梢蛾等。

为了防止上述虫害对于推广油茶新品种可能造成的危害，我们在注意防治油茶炭疽病的同时，更要注意这些虫害的发生、发展与防治。

茶油是重要的保健食用油。油茶林防治病虫害的工作，还直接关系到人们食用水源的保护。所以，在油茶林低改过程中，要以生物防治为主，来控制这些虫害的发展。

药物种类：目前在市场上见到并已得到广泛应用的，控制能力也较强的生物制剂有白僵菌粉炮和苏云金杆菌 Bt 制剂。可以通过隔年施放这两种制剂的办法，以控制油茶低产林改造项目实施后有可能产生的虫害危害严重问题。

施用时间：改造第一年，于劣株嫁接完成后的 6 月底，全林施放 Bt 制剂一次，每亩用量 0.5 千克。改造第二年，于 5 月放白僵菌粉炮一次，施用量每亩 1 炮，于晚间逆温层开始出现时进行。以后，每年分别以这两种药剂轮流进行。

第三节　大树换冠技术关键

一、塑料保湿

1. 重要性　试验反复证明，有没有塑料保湿，是油茶大树换冠能否成功占第一位的重要措施。1973 年以前，我们没有采用任何保护措施，大树嫁接的成活率不到 4%。后来采用湿土保湿，成活率提高到了 30%～40%，1977 年 6 月起开始采用塑料保湿，千穗以上嫁接的成活率即提高到了 60% 以上，各种条件均理想时，成活率可以超过 90%。

塑料保湿对于油茶大树嫁接的重要性，主要在于保湿为接穗保持了较长时间的生命活力。离体穗条在保湿条件下，97% 以上可以保持 1 个月以上的生命，这就为嫁接后的愈合成活提供了机会。

2. 保湿方法 采用塑料保湿，方法可以多样。用塑料片围于接口下方，绑缚之后，再将其上端反折或直接扎住端口，就能使接穗保持在由塑料片围成的小空间内，达到保湿的目的。

但是，最方便的做法就是采用直径 10 厘米左右、长度 15 厘米左右的小型塑料袋，直接套于已经接上接穗的枝干上，让塑料袋保持鼓起状态，将基部绑扎好，形成一个保湿罩就行了。

3. 除罩时间 油茶嫁接后成活愈合的时间很长，一般需要 40 多天，才能开始抽梢。一定要等到接穗抽梢，至少长出 3 片叶子时，才选择阴雨天气撤除保湿罩。撤罩初期，仍然要注意遮荫保护。

二、接穗带叶

1. 重要性 试验证明，油茶嫁接穗条必须带叶。其根源就在于，油茶嫁接之后的愈合成活需要漫长的时间，油茶接穗必须依靠自身的养分完成最初的分裂和愈合。不带叶片的接穗，即使贮藏有较多的有机养分，嫁接之后成活率一般也只能维持在 10% 左右。

2. 带叶量 油茶嫁接时穗条的带叶量，也与嫁接成活以及成活之后能否快速抽梢直接有关。

油茶嫁接时，切忌过多带叶。带叶量超过 2 张时，由于保湿罩内比较拥挤，极易因闭气或感病而脱落，直接影响到能否成活，所以接穗一般只带 1 张全叶。试验还显示，带半张叶嫁接，对于促进接芽的萌发是非常有利的。

三、选好时机

1. 重要性 油茶嫁接的时期也特别重要。虽然嫁接技术高的人春季嫁接也能成活，但对于大多数人来说，只利用当年生新梢在初夏嫁接，才能取得最为理想的结果。这是因为，油茶生长缓慢，形成层活动能力较弱。只有在 5～6 月，新梢和砧木的形成层都具有较高的活动能力，这时嫁接成活最容易，效果也最好。

2. 具体时间　油茶大树换冠，一般从新梢转成绿色，基部开始出现淡褐色，整个枝条达到半木质化程度时开始为最好，并尽快完成。条件适宜的地方，还可以适当延长嫁接时间。但是，油茶嫁接不宜太迟。这是因为从嫁接到完成抽梢，要有 2 个多月时间。刚刚抽发的新梢，抗寒力低，难以过冬。

四、部分留砧

1. 重要性　这也是与油茶嫁接愈合成活时间过长直接有关的。部分留砧，一方面可以防止因伤流聚积而使嫁接失败，另一方面也能直接为植株提供必要的有机养分，这是维持树体生命并保证接口能快速愈合的关键之一。

2. 具体做法　留砧的多少，要根据植株的生长情况决定。原则上应当"弱树少留，壮树多留"，要从有利于嫁接后形成优良的树冠着眼，安排好嫁接部位，适当保留好一部分枝条。

3. 残留枝条的清理与利用　留下的枝条，在嫁接成活之后要及时处理。可以在其上面再嫁接新的穗条，也可以直接从近基部清除。注意切口要保持光滑。

4. 不留砧嫁接　为了便于操作，极端情况下，也可以采用一次性截干嫁接的方法。这时，必须采取放水措施，不让保湿罩内积留伤流液。具体做法是，让嫁接枝条的断口稍倾斜，接穗插入两侧和上方，在其下方绑扎保湿罩之前先缚住一根粗 5~8 毫米的木棍，再加保湿罩，使罩口下端留一可以让伤流液外流的孔道。

五、适度遮荫

1. 重要性　5~6 月嫁接，塑料保湿罩内温度极高，据观察，最高可超过 60℃，一般都保持在 50℃左右。这样的高温，可以直接烫死穗条。遮荫主要是为了防止烫死接穗。

2. 具体做法　在保湿罩外，可以通过加盖纸层的办法，达到遮荫的目的。但是，最好的办法是采用箬壳遮荫。毛竹出笋时脱落的箬壳，让其光面朝外，可以支撑起一个很大的空间，既能直接挡住阳光，又能让散射光透入，既能遮荫，又能保证接穗得到合适的光照。遮荫罩至少要在保湿罩清除后的 1 周才能撤除。

六、加强保护

1. 重要性 对于嫁接的破坏，可以来自众多方面。有人为破坏，有鸟畜危害，还有植株本身不断产生萌蘖的影响。稍有疏忽，即可能前功尽弃。所以，从实施嫁接起，就要认真做好各项保护工作。

2. 保护要点

（1）人的好奇 塑料保湿和箬壳或纸袋保护，往往招来人们关注，出于好奇而动这动那的现象非常普遍。所以嫁接一开始，就一定要有专人看护，并立牌说明。

（2）鸟的踩踏 嫁接成活之后，枝条生长旺盛，但接点还很不牢固。这时，一些小鸟特别喜欢光顾，常常落于刚长出的枝梢上，由此造成成活枝条的折损。为了防止鸟踩，要对刚长成的枝条缚上支柱。

（3）及时除萌 接口以下部分要及时除萌，防止萌蘖对接穗生长造成抑制。除萌时还要注意保护砧木主干，防止砧木骨架因为缺少有机养分供应而枯死。对于没有嫁接成活的骨干枝，也得保留少许砧木本身的枝条。

（4）病虫危害 如发现有严重的病虫危害，也要及时防治。

第四节 油茶授粉蜂引放技术

一、油茶授粉蜂的作用

油茶是异花授粉植物。由于油茶花的花粉直径一般有 30～40 微米，风吹送花粉的能力有限，即使刮 5 级以上的风，树冠 2

米以外就捕捉不到花粉。

我们通过用铁丝罩隔离昆虫的试验，发现隔离昆虫的，坐果率不及没有隔离的油茶花的一半，保存率只有 1/3，平均每果籽数也只有 1/3，而且颗颗都是独粒籽果，而未隔离昆虫的，独籽果比例不到 1/4。由此可见，它的授粉主要是由昆虫完成的。

油茶开花时，能够分泌大量的花蜜，平均每天可分泌花蜜0.2 克以上，最多可以超过 0.5 克，所以它能引来多种昆虫。据对浙江南湖林场油茶林内连续三年的实际调查，这些昆虫包括苍蝇、蚂蚁、花虻、蝴蝶、甲虫、胡蜂、蛾类等，总数超过 50 种。但是，除了蜜蜂，多数昆虫只吸食花蜜，也没有专门的采粉器官，加上油茶是在寒潮频频侵袭的初冬季节开花的，这种有限的授粉作用，只对油茶的早期开花有用。油茶盛花期间，特别是偏北地区的新油茶林内，很少能见到昆虫采访。这是许多幼林开花很多，结果却很少的重要原因之一。

出于授粉对于提高油茶产量的重要性，许多油茶科研工作者，曾经多次做过油茶林放蜂的试验。虽然有人说，通过对放养蜜蜂喂饲某些解毒药物，可以解决蜜蜂采访后的烂子烂脾问题，但在实际生产上，放蜂人仍然是需要避开油茶放蜂的。即使较能适应油茶的中华蜜蜂，仍然无法真正大规模应用于油茶生产当中。

可以为油茶进行授粉的昆虫当中，授粉效果最好，也不会产生其他问题的昆虫，是土栖蜜蜂。这些蜜蜂是专门或主要采访油茶的，所以我们将其称为"油茶授粉蜂"。凡是土壤适宜的油茶林地，这些油茶授粉蜂是能够逐步进入，并不断扩大地盘的。由于这些昆虫的活动，大幅度提高了油茶花的坐果率，有效地增加了产量。

据大面积生产的实际测定，在南湖林场，多蜂地段的茶果产量可以比少有这类授粉蜂的地段平均增产 29.8%，最高增产 1 倍以上。所以，在适宜地段引进油茶授粉蜂，也是保证油茶林大面积增产的重要措施。

二、油茶授粉蜂的种类

就目前所掌握的情况，能够参与油茶授粉的蜜蜂，除了中华蜜蜂等，主要有两大类：一类是大分舌蜂，另一类是地蜂。

1. 大分舌蜂 大分舌蜂属于蜜蜂总科分舌蜂科分舌蜂属。体中型偏大，雌蜂长 18～20 毫米，雄蜂长 14～16 毫米。头宽于长，颅顶后缘凹陷。唇基点刻较粗，呈现纵向排列。喙长约 2 毫米，舌分叉，故称之为分舌蜂。又因个体偏大，所以称之为大分舌蜂。体黑色，被黄褐色毛。颜面、颅顶、颊、胸部背板和侧板、间节及腹腔部第一节背板黄褐色毛密生。腹腔部较长，第一节至第五节背板后缘具黄色宽毛带，第二节至第六节背板被短黄褐色毛，以第五、第六节为最密。足被浅黄色毛，尤以后足转节及股节者为最长，是雌蜂的采粉器官。雄似雌，部分雄蜂被灰白色毛。

大分舌蜂主要分布在气候温凉、湿度较大的黄壤、山地黄壤地带。浙江、福建的全省，安徽黄山，江苏宜兴，湖北麻城，河南新县，江西宜丰，四川泸县，广东韶关等地都见有分布。除了采访油茶，它还采访秋冬开花的枇杷、茶叶等植物。由于个体较大，有的地方放蜂人将其称为"石蜜蜂"。在浙江安吉，大分舌蜂最早于 10 月上旬出洞，活动可一直维持到 12 月 10 日前后。

2. 地蜂类 地蜂的种类繁多，主要采访油茶的地蜂至少有 4 种，分别为油茶地蜂、纹地蜂、湖南地蜂、广西地蜂等。而能构成大群体的，生产中起作用最明显的是油茶地蜂和纹地蜂两种。

（1）油茶地蜂 油茶地蜂属蜜蜂总科地蜂科地蜂属。体小型，雌蜂长 9～12 毫米，雄蜂长 8～11 毫米。头横宽。唇基中央压平状，基部及侧缘革状，中央刻点稀而粗，不规则。上唇枕突横宽，前缘中央凹陷明显。喙长约 4 毫米，舌呈管状。体黑色，带黄褐色光泽。中胸背板不具纵纹，不见点刻。除后足被黄褐色毛外，全身被深黄褐色毛。头、胸、腿节、胫节，黄褐色毛密生。腿部平滑鼓起，各节后缘具条状压平带，第二至第五节背板后缘除第二节少许断续外，都有完整的黄褐色窄毛带。臀散金黄色，毛长而密，一般情况下不见尾端。翅膀长于翅基到尾端的长度。后足腿节较平直，不见点刻，跗节细长，转节、股节、胫节金黄色毛刷发达，是地蜂的采粉器官。雄似雌，被灰白色毛，体型变异较大。

油茶地蜂分布范围较广，在炎热多雨，而夏秋往往又有干热天气的红壤地带，如湖南、江西、贵州、云南、浙江、福建等省都有分布。

（2）纹地蜂 纹地蜂分类地位同油茶地蜂。体型小于油茶地蜂。一般雌蜂长 8～10 毫米，雄蜂长 7～9 毫米。头横宽。唇基中央无压平区，刻点较稀。唇基上方具三角形无毛区。上唇枕突前缘较平直，中央只稍凹陷。喙长 3～4 毫米，舌成管状。体黑色，被灰白色或淡黄褐色毛。毛较稀疏。中胸背板中央有时具纵纹，点刻明显。腹腔部后缘具半月形压平带。间节后缘、第二腹节后缘不具毛带，第三节至第五节具灰白色毛带，毛短而少，中间有断续。臀散淡黄褐色，毛稀而短。翅长等于或略短于翅基到尾端的长度，一般可见尾端。后足基节、腿节粗壮发达，腿节上可见排列整齐的刻点。胫节上毛刷淡黄褐色，跗节较短。雄似雌，体型小。

纹地蜂主要分布在江苏、浙江等地。

此外，油茶花上还能见到湖南地蜂（*Andrena hunanensis* Wu）、黄带隧蜂（*Halictus calceatus* Scop.）、浙江地蜂（*Andrena chekiangensis* Wu）、排蜂（*Megapis dorsata* Fabr.）、绿条无垫蜂（*Amegilla zonata* L.）、熊蜂（*Bombus* sp.）等多种野蜂。

（3）几种地蜂的主要区别 从分类上，几种地蜂最大的区别是在雄性生殖器。但是，我们不可能抓到一只雌性地蜂，马上就能找到一只与其相配的雄蜂，即使抓到相配的雄蜂，也无法一下子就看清该雄蜂的生殖器结构。而且，我们真正需要利用的还是雌蜂本身。所以，如何正确地区分开这两种地蜂，对于我们深入研究放养和利用技术，并进一步发掘新的地蜂资源是很有好处的。

据观察，油茶地蜂和纹地蜂在外观方面的最大区别是颜色和腹部。

油茶地蜂全身偏金黄色，纹地蜂则全身偏黑色。造成色泽方面有这么明显的差异，主要是：一是因为油茶地蜂的毛，除后胸为淡黄色外，均为深黄色至金黄色；而纹地蜂后胸的毛是灰白色的，腹背毛带也是灰白色的，其他部分的毛只是淡黄褐色。二是因为两种蜂的毛量也有很大差别。油茶地蜂头部、胸部、腿部毛很多；而纹地蜂头部和胸部毛量很少，这使其看起来，两者的颜色差别很大。

两种地蜂的腹部也有许多区别。油茶地蜂的腹部，自然情况下偏长，其外翅长度正好与腹部等长，如果腹部弯曲收缩，则外翅可以超出腹部 1 毫米以上。而纹地蜂的腹部一般偏圆，其外翅长度也与腹部等长，但如果腹部一伸长，就能超过翅膀。所以，纹地蜂的腹部可以露到翅外。从翅膀看，似乎油茶地蜂的飞翔能力要强于纹地蜂。

两者在腹部方面的区别，除了上面讲到的颜色，油茶地蜂偏黄褐色，纹地蜂偏黑色，以及腹部长短有不同外，还有其他许多差别。一是毛带。油茶地蜂各节后缘都有毛带，毛带完整，毛较长，黄褐色；而纹地蜂拼胸腹节，第一腹节后缘不具毛带，以后各节毛带中间往往断续，毛较短且量少，灰白色。二是腹部上半部。油茶地蜂腹背平滑，鼓起；而纹地蜂腹节后缘具压平带，在强光下可见半月形反射光板。三是臀散部位。油茶地蜂毛长而密，金黄色，所以不见交尾器；而纹地蜂臀散淡黄褐色，毛稀且短，所以一般可见交尾器。

　　此外，蜂体大小也有区别。油茶地蜂体型较大，长 0.9～1.1 厘米，纹地蜂体型较小，长 0.8～1.0 厘米。

　　由此可见，对采访油茶的这两种地蜂，只要注意，是很容易加以区别的。

　　还有一种湖南地蜂，体型更大些，成群性比油茶地蜂差。

　　在广西捕捉到的另一种地蜂，个体比纹地蜂还小，也以油茶为主要采访对象，散生性强，目前尚未见有成群分布。雌蜂长 7～8 毫米，体表黑色，腹部似纹地蜂，翅端明显长于腹端，翅脉似纹地蜂。雄性长 6～7 毫米，体黑色，第七腹节二齿状物比湖南地蜂长，但比纹地蜂短。第八腹板，毛状物中等。尾节圆形，尖端略突出。发现时共抓到雌蜂 17 头，雄性 4 头。因其飞行迅速，捕捉难度较大。实际看到的还有很多。

三、引放技术

　　油茶授粉蜂是以油茶为主要采访对象的土栖蜜蜂，所以，只要有油茶林，经过 10～20 年时间，就能自然而然地在适宜地段发展成群体。大分舌蜂的自然群体密集度可达每平方米 20～40 个蜂孔，而油茶地蜂则能形成每平方米 250～400 蜂孔的密集分布状态。

　　为了充分发挥油茶授粉蜂对于油茶可以发挥的积极作用，我们在了解其生物学特性的基础上，研究出了一整套可以实际利用的加速蜂群在新油茶林扩散的措施。

　　1. 打孔放蜂法　在适宜地段打孔，傍晚时分每孔放进一头刚出洞并已交尾的雌蜂，用碎土堵住洞口，就可以让其在新的地点安家落户。

　　这种方法，特别适宜于个体较大的大分舌蜂的引放。

　　据反复多次试验，采用挖马蹄形坑、打孔、傍晚放蜂的做法，刚交尾蜂的定点筑巢率可以高达 90％～100％，采粉蜂的定点筑巢率也能有 1/4～1/3。采粉蜂通过 1～3 天喂饲，让其忘却了最初的记忆后，在新释放地段的定点筑巢率也可以提高到60％左右。

大分舌蜂要求土层深厚，土质疏松。在土层不是十分深厚的地段，也可以采用人工措施，创造局部土层深厚的条件，即通过人工堆积厚度大于60厘米的土堆的办法，定点释放大分舌蜂，也能取得成功。

采用打孔放蜂技术，我们已经在浙江淳安外金家、浙江常山林场、江西分宜长埠林场建成了人工引放大分舌蜂取得成功的生产性样板。以外金家油茶林为例，我们分别在两年中引进了100头大分舌蜂，第三年检查，油茶林放蜂区内可以见到的蜂孔已经超过66个。其中有两处竹节沟，1.5米长的沟内就有蜂孔分别为11个和16个。达到了每平方米33个左右的分布高密度。到第四年检查，放蜂区内的蜂孔数已超过184个。我们在放蜂第三年还认真标定了经由大分舌蜂采访的油茶花，坐果率竟高达90％以上，而当地油茶的一般坐果率在30％以下。处在放蜂点附近的39号树，11月9日正在开放的油茶花有30多朵，从早上8时到10时，2小时内我们看到大分舌蜂采访的花朵超过9朵，几乎每隔20分钟左右，就会见3～4头大分舌蜂绕树飞行。据实际调查，39号树有花芽140多个，一般每天开放的花朵不会大于20朵，在有人观察的条件下，2小时内就有9朵以上的花被采访，如果不存在任何干扰，采访的结果一定更佳。这就是为什么放蜂点的自然坐果率高达90％左右的根源。

2. 插花小罩法 对于体型较小的地蜂类油茶授粉蜂，打孔放蜂，用石子或茶籽堵孔，次日清晨撤除堵塞物的做法，虽然也能使一部分授粉蜂落户于新的地点，但比例不高，成功率一般只有20％～30％。

为了提高地蜂类油茶授粉蜂的定点引放成功率，我们通过模仿这些蜂的活动，先在适宜地段深挖，打碎土块，表面泼水，以创造地蜂最适宜的筑巢环境，同时，为其提供1～3天的食物。

放蜂时，先将准备好的地段用网罩罩好，罩内插上已经盛开、花内充满花蜜的油茶花枝，傍晚放入授粉蜂，并盖好网罩，以强迫其在这些地段筑巢。2 天后，撤除封闭网罩，让其自由采访并继续就地产卵繁殖。这就是插花小罩法。试验证明，采用插花小罩法引放油茶地蜂成功率可以稳定在 60% 以上。

以后，从操作方便出发，我们用蘸有蜂蜜的脱脂棉部分代替油茶花，仍然取得了成功。

试验成功之后，我们在广东韶关和江西新乡作了一定规模的引放试验，均取得了成功。其中，小罩插花散放，平均成功率62.0%，最高 82.0%。韶关地区林科所油茶林的 2 林班放蜂 15只，放蜂第二年，就见有蜂孔 98 个，分布于 200 米^2 范围内，密集处每平方米有 63 个，平均每头雌蜂繁殖 6.5 头。

3. 自由释放法 如果限于条件，或者为了方便，也可以采取直接释放的办法，让油茶授粉蜂在新的地点定点筑巢。

我们曾经在广东的一片油茶新林内，释放过 1 万多头油茶地蜂，当年在放蜂点上坡 60 米远处，在油茶林缘 25 米长的一条沟内（宽 50 厘米，深 50 厘米），共见到蜂孔 1 228 个，最密处每平方米见蜂孔 256 个。这就是说，至少有 12% 的地蜂完成了在引放地点的自由筑巢。尽管定点筑巢率看起来比较低，但这种方法省时省工，而且对定点蜂的产卵、筑巢影响最小。而目前统计的定点筑巢率，只是我们能够直接检查到的数量，还一定有更多的蜂子在其他适宜的地段上完成了筑巢，只是我们暂时没有找到而已。估计实际的定点筑巢率可能会达到 30%，甚至更多。

第七章

油茶新品种创造

第一节　目标与途径

一、目标

我们推荐的新品种，是经过了近 30 年的生产实践，得到了基本肯定的。这是优中选优的结果。

这里我们推荐了 10 个新品种。虽然，在一般情况下，有 10 个品种也已经能够建立起生产上比较稳定的油茶生产林分，与此同时，全国许多地方通过认真的选种育种，也已经推出了一批新品种。但是，我们可以发展油茶的地方很多，与全国发展油茶的需要相比，新品种数量是远远不够的。

与此同时，这些新品种虽然经过反复筛选，已是优中之优，但仍然存在一些急需克服的缺点，如有的果皮偏厚，有的种粒偏小，有的产量变幅太大，有的在丰产时容易感病落果，有的则总体产量还不够高，等等。

为了油茶产业迅速发展的需要，我们在推广现有新品种的同时，也要花大力继续培育出一大批更好更优的新品种。

我们的目标，就是要利用现有的知识和条件，更多地创造出一大批更为优良的新品种，并不断推进油茶良种化的进程。

二、主要途径

从当前生产出发，主要通过以下途径来创造油茶新品种。

1. 继续优中选优　20世纪70年代以来，全国性的油茶选优至少初选了上万株油茶优树。许多地方都开展了油茶优良无性系的比较试验。单是我们在江西分宜建立的油茶中试林内，就引进过300多个优良无性系，并安排了无性系比较试验。通过对试验的调查总结，是有可能从这一大批优株中再筛选出一批性状更为优良的单株的。

2. 扩大选择范围　我国油茶栽培面积很大，各地已经形成了大批农家品种，如桂林的葡萄茶，果皮薄，成熟早，结实呈串状，丰产性好，果油率往往可以超过30%。又如永兴中苞红球、巴陵五粒籽、望谟霜降籽、常山寒露籽等，在长势旺盛的壮龄油茶林内，只要坚持高标准，是很容易筛选出一批新的优良单株的。

3. 深入开展杂交育种　杂交育种，是开展群众性育种最基本的方法。目前，我们对油茶的遗传变异规律已经有所了解，找到了一批很有利用价值的育种材料，有了简单方便的杂交技术，也得到了一批优良的杂交后代，甚至有了种间杂交取得良好效果的实例。可以说，为如何做好杂交育种，包括亲本选择、实际操作、杂交果实保护、采收育苗、造林比较、后代选择等，摸索出了一套成功经验，这就为开展大规模的油茶杂交育种奠定了坚实的基础。

第二节　油茶主要性状的遗传力估测

开展中试前，在浙江安吉南湖林场、浙江安吉县林科所、浙江富阳亚林所、江西茅岗营建了无性系测定试验林，这就为我们对油茶主要性状的广义遗传力和重复力的估测提供了条件。

对无性系测定林进行详细调查，并作方差分析。方差分析中无性系的均方值，来自于遗传和环境两个方面，而无性系的均方值减去误差的均方值，就是对整个试验各个重复累加的遗传均方值的期待值。遗传力就是指遗传方面的误差与总误差（即遗传与环境两者误差之和）之间的比值。

$$h_w^2 = \frac{\sigma_c^2（遗传误差）}{\sigma_E^2（环境误差）+\sigma_c^2（遗传误差）}$$

$$\sigma_c^2 =（MS_{无性系}-MS_{环境}）/n（重复数）$$

$$\sigma_E^2 = MS_{环境}$$

按照这一公式，三个小试中油茶各个性状表现出来的遗传力和重复力如表7-1和表7-2所示。

表7-1　油茶产量和果实性状的广义遗传力

地点	项目	果实大小	种子大小	鲜出籽率	干出籽率	出仁率	仁含油率	株产量
南湖林场 1981	h^2	0.720 5	0.664 3	0.567 9	0.618 8	0.800 8	0.631 8	0.287 1
	T	0.768 6	0.722 6	0.644 2	0.685 7	0.834 8	0.696 2	0.418 7
	V_{Eg}	0.048 1	0.058 3	0.076 3	0.066 9	0.034 0	0.064 4	0.131 6
南湖林场 1983	h^2	0.701 1	0.549 5	0.718 4	0.690 4	0.732 6		0.299 2
	T	0.749 9	0.626 3	0.764 6	0.741 3	0.776 2		0.043 2
	V_{Eg}	0.048 8	0.076 8	0.046 2	0.050 9	0.043 6		0.104 0
安吉林科所 1982	h^2	0.787 7	0.892 5	0.827 3	0.778 5	0.889 7	0.806 8	0.559 3
	T	0.082 9	0.923 6	0.877 8	0.843 4	0.921 7	0.863 2	0.691 7
	V_{Eg}	0.065 2	0.031 1	0.050 5	0.064 9	0.032 0	0.056 4	0.132 4
富阳亚林所 1982	h^2	0.618 5	0.480 2	0.360 0	0.067 5	0.537 6	0.471 6	
	T	0.678 8	0.566 1	0.467 5		0.612 8	0.557 6	
	V_{Eg}	0.060 3	0.085 9	0.109 5		0.075 2	0.086 0	
富阳亚林所 1983	h^2	0.668 5	0.410 7	0.875 4	0.756 0	0.732 7		0.385 4
	T	0.700 3	0.494 6	0.890 7	0.787 0	0.767 3		0.480 8
	V_{Eg}	0.031 8	0.083 9	0.015 3	0.031 0	0.034 6		0.095 4

表 7-2　油茶其他性状的广义遗传力

（亚林所试验林，1983）

项目	树高	径粗	冠幅	花芽数	显花芽	开花	发芽	坐果率	成熟期
h^2	0.547 5	0.429 7	0.459 8	0.424 7	0.738 1	0.791 2	0.853 8	0.266 7	0.625 0
T	0.612 8	0.514 0	0.539 3	0.510 0	0.819 2	0.855 3	0.898 3	0.378 9	0.738 8
V_{Eg}	0.065 3	0.084 3	0.079 5	0.085 3	0.081 1	0.064 1	0.044 5	0.112 2	0.113 8

研究表明，油茶的开花、发芽、果实成熟以及主要果实性状，一般具有较高的广义遗传力，所以花期和成熟期选择效果明显。油茶无性系的营养生长，遗传力中等，在生长势方面做出选择，也有一定的效果。测定同时表明，对无性系种实性状的测定，要等其进入正常结实状态以后进行，过早测定则植株的特性尚未充分表达。

为了进一步摸索油茶遗传变异规律，20 世纪 80 年代，我们在安排单亲后代比较试验的同时，还专门安排了一系列控制授粉。这些试验当中，包括了两个种源，6 株雄树与 8 株雌树的单列杂交试验，以及 10 个以上优良单株的双列杂交试验。通过这些试验，我们已经清楚，油茶重要经济性状，如树高、冠幅、果高、果径、出籽率、出仁率、含油率等，以及脂肪酸组成，同一性状油茶无性系间存在较大的差异。而且有些差异是由遗传品质决定的，广义遗传力很高，如出仁率的母本遗传力为 0.83，含油率的母本遗传力为 0.76。但有的性状受环境影响较大，遗传力较小，如出籽率、含油率的父本遗传力极低，接近于 0。无性系间的油脂脂肪酸组成之间差异很大，软脂酸、油酸、亚油酸的含量差异都达到了显著水平，广义遗传力较高，估测结果为：亚油酸父本遗传力为 0.87，油酸父本遗传力为 0.91，软脂酸父本遗传力为 0.69。且父本和母本对子代性状的影响大小不同，如出仁率受母本影响较大，而软脂酸、油酸和亚油酸受父本影响较大。

第三节　保证油茶选优成功的要点

一、扩大选择的潜力

在认识了油茶产量的变异规律和油茶主要性状的遗传规律之后，我们也有可能通过严格的选择，直接从生产群体当中选育出一批优良的新品种。

在结合推广油茶新品种的同时，2006年以来，我们又在江西樟树选中了一株优树樟06-02号，连续两年株产果15千克以上，果大皮薄，开花早，成熟也早，鲜出籽率接近50%，仁含油率达到53%～55%，很少有病果出现，充分表现出了它的连年高产，抗性较强，果实品质极佳的特点。经过嫁接繁殖，苗木长势也较好，其综合性状，有可能超过经了30多年生产性考验的长林40号。

二、成功要点

我们从1972年开始选优，1978年在浙江安吉南湖林场5中队建成了20多亩油茶无性系比较园，1979年，经过对初选优株的筛选，率先在浙江安吉县林科所建成了包括15个无性系，以10株树为小区，重复3次的无性系比较试验区。1980年又在浙江富阳亚林所内第一次采用6株小区，6次重复，建成了由芽苗砧嫁接苗营建的包插24个无性系的油茶无性系比较试验林。通过严格的比较试验，最后筛选出了9-8、12-1、12-6、606等一批优良无性系。这些保留下来的优良无性系，构成了我们现在优中选优的主要品种。

这些选种和比较试验的实践使我们认识到，只要方法对头，工作扎实，油茶良种选育的过程是可以加速的。

1. 采用8株对照法　林业上选种采用5株对照法，也有采用20株对照法的。即对于生长特别占优势的植株，要用周围5

株树或周围 20 株树的生长情况作对照，如果生长量可以超过 1 倍，就可以选作优良单株。

由于油茶是人工栽培的，一般情况下，有一定的株行距。与每株油茶相邻的有 8 株树。普查时只要肯定这株树有高产优质的特点，其产油量能够超过周围 8 株树的平均值的 1 倍以上，并能保持 2～3 年，这株树就可以作为初选优株。

2. 及时繁殖，异地比较　对于确定的初选优株，应当及时扩大繁殖，并到条件比较一致的地点，与已经确定的新品种作出比较。凡是在新的栽培地点生长正常，并能保持优质高产，其实际产量可以超过新品种的，就可以确定为中选无性系，并扩大繁殖为新品种。

有条件的，还可以对新品种作出区域化试验。

3. 要作出全面客观的比较　对这些无性系的评价要客观。要在试验区内，全面采收的基础上，根据果实产量、出籽率、出仁率和仁含油率和种仁含水率，计算出理论产油量。要根据将来推广所采用的密度来计算单位面积产油量。

我们选育新品种的目的是要让它在生产上起作用，所以工作必须慎之又慎，切忌盲目，更不能采用选 1 株或几株产量最高的植株，采收后根本不测定出籽率、出仁率和种仁含油率，只根据果实产量就按常规推算产油量。这样得出的结论，肯定将远离实际的结果。因为单株产量并不能代表总体的产量，而高产条件下往往会大幅度降低出籽率、出仁率和种仁含油率，所以通过这种方法推算出来的产量，往往可以比实际产量高出 1 倍以上。这是目前我们经常可以看到有人能推出"亩产油量超过 75 千克"甚至"超过 100 千克"的油茶优良无性系的根源。但是，这种不科学方法得出的结论是无法得到生产实践证明的。而只有经得住生产检验的结果，才能真正为人类造福。

为了避免产生以上结果，建议国家在成立品种鉴定机构的同时，必须遵循回避原则，委托科学态度严谨的客观人士和机构，采用严格的方法和程序，对品种作出认真的评定。

第四节　油茶杂交育种的有关知识

一、油茶的花芽分化

新梢停止生长后，自叶芽基部 2～3 个鳞片内，由花芽原基发育成花芽。一般 6～7 月是油茶花芽的分化盛期。

在花芽基部的芽鳞内，也有花芽原基。这些花芽原基也可以继续发育，而形成新的花芽，即二次花芽，有时甚至在二次花芽的基部芽鳞内再发育出三次花芽等，最后使花芽形成丛生状态，最多时，我们可以在枝顶见到 20 多个花芽丛生在一起。植株在受到严重机械损伤，特别是重病株，经常出现丛状花芽。一般来说，这种丛生花芽是不利于生产的，因为这种花芽会过度消耗植株的有机养分。

二、油茶花的构造

油茶是山茶科植物，具有完整的花器结构，它的花朵包括了花萼、花瓣、雄蕊、雌蕊、子房等构造。

花萼：6～10 个不等，两侧互生排列。

花瓣：6～10 个不等，一般 6 个。白色，少数略带红色。花瓣长度变异较大。从 3 厘米至 7 厘米不等，不同种源之间存在明显的区别。

雄蕊：50～230 个不等，一般 100～120 个。基部连成筒状。花药一般黄色，花丝长度 0.5～1.5 厘米，越靠外侧越长。一个花药可散粉三四千粒，足够供几朵花授粉。花粉粒椭圆形。一般都能正常发育，但在少许植株当中也可以见到花药白色、退化、不见花粉，有的花药甚至成为瓣状。

雌蕊：3～5 裂，柱头有裂得很深的，也有裂得浅的；有弯曲的，也有直立的；有外露的，也有内陷的。柱头长度一般在

1.5 厘米以上。

子房：上位，由 3～5 个心皮组成。子房内有胚珠 13～26 个，一般 20 多个。

油茶花朵的直径大小，雄蕊的多少，与果实的大小之间存在极其明显的相关性。花朵越大，雄蕊越多，果实也越大。

油茶果实的形状与心皮的数目也有一定关系。3 个心皮的油茶果实，一般呈球形或橄榄形，只有由 5 个心皮的子房，才可能发育成橘形果实。

三、油茶花的开花过程

一株树，从试花、初花到完花，可以长达 40 多天。一般而言，一株树从开第一朵花开始，到全树结束开花要经历 25～35 天之久。而每朵花的开放过程，一般也要经过 1 周左右的时间。

从花蕾开始露白起，约需经过 2～3 天时间，才能伸长到 2.5 厘米长左右，白色部分才能超过芽鳞部分，这时，油茶花才算进入了预备开放状态。以后，一般要经过 6～7 天，花朵才能由开放逐步转入枯萎状态。

对于一株油茶树而言，一般试花后 2～3 天，就能达到初花阶段。初花后 3～5 天，即可进入盛花期。盛花期一般可以维持 10～15 天。

对于一朵油茶花而言，它的开放过程大体如下：

开花第一天：早晨 8～9 时后逐渐开放，温度高，天气晴朗，中午前后基本上开放完毕。开花后 2～3 小时，花药开始散粉，也有的在花瓣展开时已经散出花粉。

开花第二天：花瓣全部展开，花丝伸直，花药大量散粉，柱头出现黏液，子房周围见蜜液。

遇有阴雨天气，开放第一天的花朵，甚至是开放第二天的花朵，傍晚可以回缩成刚开放的状态。

开花第三天：花瓣部分外展，花药全部成熟，柱头有大量黏液，花内有大量蜜液，平均 0.2 毫升，最多 0.5 毫升。

开花第四天：花瓣上出现褐斑，花粉全部散失，花药变褐，花丝回缩。蜜汁变酸或掉落。

开花第五天：花瓣开始脱落，花丝粘着于柱头或与花瓣同时脱落，柱头部分出现褐斑。

开花第六天：花瓣全部枯萎。

开花第七到第十天：花柱自上而下逐渐枯萎，干缩。

没有授粉受精的，气候条件合适，子房基部能迅速产生离层，15 天后开始脱落，授粉受精比较好的花朵，柱头的枯萎、干缩的时间往往也比较早。

一株中等大小的油茶树，树高、冠幅在 2.0～2.5 米的，可以形成 3 000 朵左右的花。盛花期间，一天就能开放 150 朵花。

天气阴冷，可以延缓开花。连续阴雨之后，可以有比较多的油茶花同时开放。

提前摘果可以促进提前开花。但是，花期的早晚，主要取决于油茶树本身的遗传特性。在通常情况下，10 月下旬前能盛花的，我们称之为早花类型，11 月上旬盛花的，我们称之为中花类型，11 月中旬以后盛花的，我们称之为晚花类型。提前采摘是不可能将晚花类型的油茶改变成早花类型的。

盛花期间，天气条件的好坏，以及是否有大批传粉媒介，对产量的影响极大。所以，可以根据一个地区的平均初霜期来选择油茶的适生类型和极限类型。

四、油茶开花与油茶生产

除了因为品种的特点，开花迟早能直接影响到油茶的授粉结实以外，油茶花开放的早晚及其整齐程度，每年也会有变化的，也能对油茶的产量造成直接的影响。

很多人讲，花期集中能改善授粉条件，提高坐果率和果实保存率。如浙江省龙游林场，1969年油茶丰收，之后连续两年花期参差不齐，次年油茶产量均不高。1971年花期比较集中，12月完全终花，1972年的产量就超过了1969年。有人说，丰产的油茶树花期才20多天，而花期拖拖拉拉过1个月的，结果总是很少。

为了搞清楚油茶开花的变化因素，我们连续多年做了细致的观察和分析。结果发现，油茶每年开始开花的时间，以及开花是否整齐，往往与气象上何时入秋直接有关。

在气象上，人们把当平均气温连续3～5天，降低到22℃以下时，称为入秋。入秋后，油茶积累的有机养分，开始集中向花器的发育和生长方面转移，油茶花芽也就开始快速成长，在完成了花芽发育所需温度积累之后，就逐步进入开花期。所以，我们可以用入秋后10℃以上的积温的值，来推测当年油茶开花的具体时间和开花的整齐度，并能用此直接预测第二年的油茶产量。一般而言，入秋早，油茶开花也早，第二年油茶的产量也较高。

五、花的有效授粉时间测定

1972年，我们采用套麦管隔离后，开花第一至第五天分别作人工授粉，发现在浙江北部安吉县南湖林场这样的具体条件下，油茶开花的第一天，就能有效地接受异源花粉，至少在开花后的第一天至第三天内，都具有良好的授粉受精性能。同时发现，在套麦管后的第五天时，柱头仍然保持着新鲜状态，所以，在开花4～5天之后，有一部分花仍然能够正常授粉受精结实，也是毫不奇怪的（表7-3）。

表7-3　不同开花日期的人工授粉坐果率

开花天数	授粉花数	保存数	坐果率（%）
第一天	40	27	67.5
第二天	23	17	74.0
第三天	30	20	66.7

（续）

开花天数	授粉花数	保存数	坐果率（%）
第四天	14	5	35.7
第五天	16	10	62.5
第六天	24	1	4.2

在适宜条件下（气温20℃左右），油茶花粉的萌发很快，一般2小时后即见萌动，4～6小时后出现的花粉管，已能超过花粉粒直径的2倍以上。所以，在授粉后4～5小时用水冲刷柱头，对坐果率并未造成严重影响，只有授粉在3小时以内的一些花朵受到了冲水的影响（表7-4）。

表7-4　授粉后柱头冲水对坐果率的影响

日　期	授粉后4小时			授粉后28小时			授粉后不冲水		
	冲	留	%	冲	留	%	总	留	%
11月11日	16	15	93.8	17	16	94.1	18	17	94.4
11月12日	33	28	84.8	32	30	93.8	51	48	94.1
小计	49	43	87.7	49	46	93.9	88	81	90.9

注：1972年11月试验，开花当天中午授粉，1973年3月检查坐果率。

断续阴雨三天后，11月16日，我们又进行了不同状态花的授粉试验，试验证明，只要授粉条件好，开放一两天甚至开放两三天的花朵，都能够授粉受精结实。坐果率虽然有所降低，但仍能达到50%～60%（表7-5）。

表7-5　连续阴雨后的油茶花授粉坐果率

开花状态	人工授粉			自然授粉		
	总数	保存数	坐果率（%）	总数	保存数	坐果率（%）
第一天	47	28	59.5	74	20	27.0
第二天	43	26	60.5	51	10	19.4
第三天	29	12	41.1			

注：调查日期，1973年3月。

第五节 油茶控制授粉的方法

油茶开花的规律，以及油茶柱头可配性基本规律的揭示，为我们大规模开展油茶杂交育种打下了基础。

一、杂交油茶花朵的选择与处理

1. 不必事先套袋隔离 由于油茶开花前露白阶段有 2～3 天，所以开展油茶杂交时，一般不必对油茶花采用事先套袋的办法进行隔离。因为油茶开花已经进入冬季，在林间活动的昆虫总体数量有限。油茶开放花朵的粉蜜分泌量又大，所以这些刚露白尚未正式开放的油茶花，一般很少有昆虫来光顾。油茶的花粉较大，风力传播的范围也很有限。所以，不采取事先套袋隔离，一般受到其他因素影响的概率极低。

2. 可以在油茶开放的第一天授粉 由于油茶花在开放的当天就有接收花粉的能力，所以，我们可以在油茶花即将开放的那一天完成授粉。因为授粉一次就能有很高的坐果率，所以也不必通过多次授粉来确保杂交成功。

这些也为我们完成杂交工作提供了方便。

二、人工控制授粉的方法

为了提高工效，降低成本，我们首创了采用胶布隔离柱头的授粉方法。即对将要开放的油茶花，剪截顶端，拨开花瓣，清除自己的雄蕊，立即授粉，授后用胶布粘住柱头。为了节省时间，甚至可以不清除授粉花朵的雄蕊。当然，清除雄蕊也有好处。因为清除雄蕊后，就可以方便于胶布对柱头的封闭，防止因为雄蕊的存在，而为柱头留有昆虫可以出入的空隙。但是只要细心，或者先将近柱头的雄蕊加以清除，仍然可以保证柱头的彻底封闭。采用这种方法授粉，平均每朵花用时只要 90 秒钟（表 7 - 6）。

不仅节省了隔离套袋等多项成本，而且其实际隔离效果可以达到96％以上，授粉后花粉发芽、胚珠受精也非常正常。利用这样简单的技术，即使只有1个人操作，只花费几元钱的成本，就能在油茶花期内完成数以千计花朵的授粉。

表7-6 几种隔离方式的工本比较

项 目	去雄套袋	不去雄套袋	去雄粘胶布	不去雄粘胶布	去花被	套麦管
授粉时间（秒/朵）	170	139	121	90	96	60
物资成本（元）	5.16	4.98	0.91	0.73	0.53	0.48

注：此为1983年统计资料。物资成本，指完成100朵花授粉所需的成本费，按1983年计。

表7-6内虽然以套麦管为最省，实际上，套麦管处理的，第二天就有超过53％的麦管会被花蜜或花药推开、脱落，其操作成本实际将增加1倍以上。所以，真正成本最低，而且特别有效的做法还是胶布隔离柱头的授粉方法。

三、控制授粉培育的新品种

1. 杂种32号 这是一个具有早花、早熟、高抗、薄皮的大果型新品种。其母本是51-28，父本是抚林20。母本具有薄皮、早花、早熟的特点。但是抗性不够强，有一定的炭疽病，虽然它在芽苗砧嫁接苗的比较试验当中得到了认可，但其抗性弱的特点，使其无法应用于生产。父本抚林20，特别丰产，植株生长旺盛，但是，果皮较厚，出籽率低。我们用抚林20的花粉为51-28授粉，在保留的30多株植株当中，选出了这株树。它兼具两者的优点，既有很强的抗性，又有稳定的产量，开花早，成熟早，果壳很薄，种仁含油率也很高。

2. 杂种82号 这是一株以9-8为母本，以12-12为父本育成的大果型新品种。9-8，就是我们经过反复筛选的新品种之一的长林 18 号，是中等产量的标准品种。而 12 - 12 也是我们经过反复筛选认定的优良品种长林 53 号。杂种 82 号也成了兼具两者优点的新品种，表现为开花早，成熟早，果大，皮薄，产量高，品质也好，已经引起当地群众的关注，并开始在生产中推广。

四、最佳育种材料的确认

通过连续几十年的研究，我们从自由授粉后代和控制授粉后代的比较中认识到，不同的无性系，其用于培育油茶新品种的效果是不同的。一般认为采用最为优良的无性系育种，有可能取得最好的结果。但是，实践证明，由于油茶存在明显的超亲遗传特点，利用目前生产上表现较好的无性系，即使控制授粉，其后代真正优良的并不多，相反，有的无性系，本身并不一定表现为最为突出，但是，其控制授粉的后代中，出现更优个体的概率反而较高。

通过多年工作，我们认识到，优良性状特别突出的油茶无性系，特别是这些性状的遗传力较高的，用于育种的效果比较好。

如，51 - 28，皮特别薄，开花早，成熟早，这是一个育种的好材料。

又如 9 - 8，即使是自由授粉的实生后代当中，也选出过超亲新个体。我们从边上杂有 8 - 6 等品系的比较试验林内采种，近 100 株繁殖后代中，出现了一株"1940"植株，4 年生时就开始大量结实，果大，皮薄，种仁饱满，花期早，成熟也早，5 年生幼树，株产果就有 3 千克之多。而通过杂交，其早花、早实的性状，在许多植株中都能得到体现。实践证明，这是一个特别适合用于培育新品种的好材料。

诸如此类的材料，还有 817、12 - 40 等。它们或开花特早，或发芽特早，成熟特早，这些特性，都很容易在杂交后代中得到表达。

第六节　油茶育种的几个重要方向

一、高光合作用育种

植物依靠光合作用，将空气中的二氧化碳和土壤中吸收的水分，转变成碳水化合物，这是植物将太阳能直接转化为生物能的一个过程。

地球上很大一部分能量，就来源于植物的光合作用。只有光合效率高，才能有高产、优质、高效的好结果。所以，光合作用效率的高低是我们首先要高度重视的。

据观察，油茶个体间光合作用效率存在极大差别。可以见到这种差别最直观的反映就是育苗当年的苗木生物量。采用芽苗砧嫁接技术繁殖的油茶嫁接苗，在基本相似的生长条件下，其总体生物量，不同的无性系之间具有极大的差别。有的当年能抽梢3次甚至4次，有的当年基本不抽梢。有的虽然地上部分生长不良，但根群发达，总体生物量仍然较高。我们发现，嫁接第一年，在圃地内培育时，凡是生长量大的一些无性系，只要其果实性状良好，一般都是可以应用于生产的。高光合效率的无性系，一般还表现为有较高的叶面积指数。如长林40号，植株高大，叶幕层厚，叶面积指数一般可以达到并超过5，这就是说，在相当于地面1 米^2 范围内，树叶的总面积可以超过5 米^2。而有的无性系，如长林20号，节间长，枝条弯曲，树冠稀疏，叶面积指数一般不到3，它就表现为产量变幅大，结实多的年份，果实内种子基本不会发育，很容易出现只有果，没有籽，不产油的现象。这种由光合作用能力不强引起的产量不高、不稳，使其最后还是被淘汰了。

这种高光合作用育种的必要性，从一些植株原树的表现中，也得到了体现。长林40号是我们在浙江安吉南湖林场12中队选出来的。原树长在一块共有1 074株油茶的试验林中，未经任何特殊的栽培管理，它就是比别的树长得高大，外形上明显不同于周围的其他植株。它的产量年年很高，最高的一年株产 28 千克茶桃。以后在各地的生产性试验中，它总是表现出树体高大产量高的特点。从该树原树状态和引种到各地后的生长结实表现看，注意高光合效率选种，一定会取得好结果。在赵学民自己种植的一片嫁接苗林分中，对长林 40 号的嫁接后代，2021 年单独采收了 3 株，单株产量分别达到 34 千克、35.5 千克、36.5 千克。有人收购了该品种霜降后采收的 2 500 千克果实榨油，果油率达到了 6.4%。可见，该无性系的生产潜力很大。

二、高油酸油茶的育种

油茶是现在已知植物中油酸含量最高的树种之一。根据我们反复测定，像长林 40 号的油酸含量可高达 82%，一般在 80% 以上。多次测定平均值为 80.26%。这种高纯度的油酸组成，具有优良的医学价值。因为油酸极易为人体分解，是最接近母乳成分的高能食物，所以可为人体提供足够的能量，是运动员、航天员，乃至婴儿、产妇极佳的食物来源。

大剂量油酸不但对心脏有良好的保护作用，也很容易为人体皮肤所吸收，所以，它既可以用作保健品，也可以用作化妆品。经过许多人的共同努力，现在已经肯定，浙江红花油茶是更加优良的天然油酸资源。它的油脂几乎百分之百由油酸组成，所以，它也是极佳的医用油资源，值得人们大力开发。

浙江红花油茶育苗时，常见老鼠危害。我们在利用多种油茶种子育苗时，发现老鼠总是首先光顾浙江红花油茶的种子。这是否与其油酸含量高，特别适宜肌体吸收直接有关？或者浙江红花油茶种子内还隐藏有其他更好的物质，或者还隐藏有其他更深层次的原因？更是值得人们进一步深入探讨。

据现有资料介绍，高油酸成分的遗传与父本关系较为密切，所以，在高油酸含量新品种的培育中，要特别注意将高油酸个体用作父本。

三、欧米伽膳食资源的选择与利用

普通油茶只是山茶属的一个种。已经用于食用油生产的山茶属植物还有很多，如长瓣短柱茶、腾冲红花油茶、浙江红花油茶、小叶油茶、越南油茶等。

保健的欧米伽膳食除了要求富含油酸外，亚麻酸与亚油酸的比例最好能保持1：4以上。一般而言，茶油内亚麻酸与亚油酸的比例在1：9甚至更低，表现为亚油酸偏高。后来，人们对茶油反复测定，发现一般茶油内亚麻酸与亚油酸的比值，往往达到1：20左右的低水平上。虽然亚油酸也是必须脂肪酸，人体无法自我制造，它对于维持人体的正常生理功能也是不可缺少的，但是，如果亚油酸含量过高，超过一定限度，它就有可能在人体内起不良作用，甚至成为促进癌症发展的危险源头。所以，寻找亚麻酸含量高的资源，让进入人体的亚麻酸与亚油酸两者的比值接近甚至大于1：4，至少不要小于1：6，是油茶生产和油茶研究的当务之急。

普通油茶的个体间是否存在亚麻酸含量高的资源，虽然已有多次否定，但是仍然值得人们关注。而山茶属内其他可以用作食用油的资源中，是否存在富含亚麻酸的类型，更应引起人们的高度重视。

在这方面，有人已经做过少量筛选。据报道，已经发现：泰顺粉红油茶（亚麻酸与亚油酸两者的比值为1：4.63）、南荣油茶（亚麻酸与亚油酸比值1：5.34）、威宁短柱茶（亚麻酸与亚油酸比值1：5.97）等，其亚麻酸与亚油酸的比值都在1：6以上。作为食用油，这两种脂肪酸的比例能够保持在那样的水平，已经够好了。对于成年人而言，有这样的比例，已能基本符合人体保健的需要。只是这些测定，还存在某些不足，需要人们再次做好采样、测试，更希望人们能对山茶属植物的其他多种资源做出测试和研究，但愿能从中发现更多更好的资源。如能通过广泛调查，从山茶属的不同物种，以及每个物种的不同群体甚至不同个体内，筛选出富含亚麻酸成分的类型和个体，并逐步搞清亚麻酸与亚油酸在油茶种实成熟过程中各自的成形过程及变化规律，将能控制亚油酸含量或提高亚麻酸含量的方法正确用之于生产，使我们榨出的油本身就能符合欧米伽膳食标准。如真能那样，茶油的保健功能还能得到提升，茶油的开发前景也将更加光明。

四、远缘杂交后代的利用

早在 20 世纪 70 年代，江西宜春的油茶科研人员从宜春的油茶群体内，选出了一批优良单株，称之为三角枫。据初步研究，三角枫应当是普通油茶与小叶油茶的天然杂种。

三角枫的突出表现是它有极薄的果皮。它的鲜出籽率可超过 60%。除了果皮薄、出籽率高与小叶油茶相似外，三角枫植株的叶和芽往往存在明显变异，有的接近普通油茶，有的接近小叶油茶。而果实大的特点，则体现了普通油茶的特点。

但是，三角枫在生产中的表现并不突出，主要是产量太低。三角枫产量低的原因，与杂交后代的染色体配对情况不佳直接有关。因为普通油茶是六倍体，有染色体 96 条之多，而小叶油茶是二倍体，只有 32 条染色体。它们之间的杂种，很可能有多种多样的染色体组成结构。应当说，如果能形成具有完整的四倍体或其他整倍体结构，并保证有正常的染色体分离和配对，就有可能提高结实率。能否通过与普通油茶的回交，特别是与大果型的小叶油茶回交，在重新形成六倍体结构或四倍体结构或其他整倍体结构的同时，将小叶油茶的薄皮性状和普通油茶的大果性状结合在一起，并恢复杂种的正常结实性能，是很值得深入研究的。

第七节　油茶杂交优势利用的其他方式

油茶杂交育种，只是杂交优势利用的一种方式，这就是通过工作将不同亲本的优点综合于新个体。

能否通过纯化亲本之后，形成种性比较纯的油茶个体，再通过杂交，形成杂交优势，以提高油茶的生产率，也很值得研究。

油茶经过纯化再杂交的做法，首先遇到的困难是它的自交不亲和，即油茶自己的花粉一般无法使其自己授粉、受精。解决这种自交不亲和的办法，就是采用姐妹交或回交。试验已经肯定，油茶一个亲本的许多实生后代间，是可以互相授粉的。实生后代与亲本间，一般也是可以相互授粉的。所以，通过这种姐妹交或回交，就有可能逐步纯化油茶品系。

油茶经过纯化再杂交的做法，碰到的第二个问题是耗费时间太长。根据植物纯化亲本的需求，一般要经过 8 代以上的控制授粉，才有可能达到基本纯化的目标。解决这一困难的方法，就是选择开花周期特别短的家系。20 世纪 70 年代，河南省新县有人曾从 20 万株油茶实生苗中选出近百株播种当年就见花的植株。我们也曾从中选择了 2 株结实较好的单株，采籽播种后，有 10% 以上的植株在播种第二年就开了花。进一步研究发现，在我们所选的一大批优株中，也存在这类开花较早的资源，如 817、12 - 40 等。利用这些资源，培育成几个不同来源的纯化家系，有可能在 3～4 年内就完成一个世代，坚持下去，只要经过 30 年左右时间，也可能完成这种先纯化再用于杂交优势利用的试验。在逐步获得纯系的过程中，油茶的杂交优势利用也会不断结出丰硕的新成果。

试验还发现，在大批油茶基本自花不育的情况下，油茶中也存在极少自花可孕的类型。如，我们选育的 12 - 12 无性系，即长林 53 号单株，就具有极高的自花可育能力。经过多次测定，它的自花授粉结实率可以变动在 30% 的高水平上，而别的无性系只有 1% 左右。这类无性系的自花可育特点，也为我们通过自交纯化基因再杂交创造了方便，值得各地继续推进试验。

附　　录

油茶生产月历

月份	发育期	主要农事		
		新建基地	油茶低改	苗　圃
1	休眠期	林地准备 开始造林	隔带垦复 施用基肥	排水冻床 种子管理
2	发根期	继续造林 施催芽肥 幼树整形	整形修剪 大苗补植	修筑苗床 沙床播种
3	萌动期	容器苗造林 幼树整形	容器大苗补植 采穗圃追肥	床面施肥 材料准备
4	萌芽期	基地保护	杂交果保护	灭草松表土 构建荫棚
5	抽梢期	基地管护 穗源保护	大树换冠 杂交果保护	床面消毒 盖黄心土 嫁接育苗
6	花芽分化	施促花芽肥	施促花芽肥 改造植株管护 适时除保湿罩 立支柱护接穗	保护管理 开始揭膜 喷药防病 除萌除草 施用追肥

（续）

月份	发育期	主 要 农 事		
		新建基地	油茶低改	苗 圃
7	花芽分化	抗旱保苗 防治油茶象甲	改造植株管护 杂交果保护	除萌除草 注意排水 继续追肥
8	果实膨大	抗旱保苗	开展新的选优	除萌除草 注意灌溉 继续追肥
9	长油期	秋季抚育 适当施肥	采前劈草 适时撤除遮荫罩	继续做好管理 准备撤除荫棚 及时灌水施肥
10	果实成熟	摘花芽	采收 种子处理	准备次年种子 种子合理沙藏
11	根系生长	林地挖带 施肥	榨油	草甘膦灭草 起苗进容器 开始苗木销售
12	休眠期	林地挖带 施肥	榨油 林地深挖带 保护改造植株	苗木销售 选择新圃地 圃地整理

主 要 参 考 文 献

韩宁林，1974. 大分舌蜂与油茶增产 [J]. 林业科技通讯 （4）：10 - 13.

韩宁林，1978. 油茶估产经验公式 [J]. 浙江林业科技 （4）：14 - 20.

韩宁林，1978. 油茶授粉蜂的研究和利用 [J]. 亚林科技 （4）：1 - 19.

韩宁林，1979. 用逐步回归法验证油茶估产经验公式 [J]. 浙江林业科技 （2）：32 - 37.

韩宁林，1979. 油茶嫁接的技术要领与成活关键 [J]. 亚林科技 （1）：15 - 28.

韩宁林，尤海量，1979. 大分舌蜂利用的研究 [J]. 林业科学 （3）：215 - 218.

韩宁林，潘定杨，徐金泽，1979. 油茶地蜂定点引放法 [J]. 林业科技通讯 （11）：19 - 20.

韩宁林，1980. 油茶单株果实性状变异系数的测定 [J]. 亚林科技 （1）：28 - 35.

韩宁林，陈家耀，1980. 引放油茶地蜂的新方法——插花小罩法 [J]. 林业科技通讯 （5）：20 - 22.

韩宁林，1983. 浙北地区油茶低产原因分析 [J]. 浙江油茶科技 （1）：24 - 29.

韩宁林，1984. 摘顶抹芽在油茶嫁接苗整形中的作用 [J]. 浙江林业科技 （3）：10 - 12.

韩宁林，1984. 油茶种子冷藏技术的研究 [J]. 林业科技通讯 （12）：7 - 9.

韩宁林，田成法，1984. 油茶无性系果实性状变异及广义遗传力的初步估测 [J]. 林业科技通讯 （1）：10 - 14.

韩宁林，1985. 胶布封闭柱头应用于植物控制授粉的研究 [J]. 经济林研究 （2）：42 - 45.

韩宁林，田成法，祝开太，等，1986. 油茶优良无性系的选育 [J]. 浙江林
学院学报，10（2）：45－52.

韩宁林，1987. 小叶油茶与普通油茶杂种的遗传性鉴别 [J]. 浙江林业科技
（1）：39.

韩宁林，1989. 油茶芽苗砧嫁接早实丰产措施研究 [J]. 林业科技通讯
（6）：4－6.

韩宁林，1989. 芽苗砧嫁接应用于油茶无性系鉴定的研究 [J]. 林业科学，
25（4）：375－381.

韩宁林，1991. 芽苗砧嫁接 [M]. 北京：中国林业出版社.

韩宁林，高继银，吴继武，等，1991. 油茶无性系早实丰产配套技术的研
究 [J]. 林业科学研究，4（5）：479－485.

韩宁林，姚小华，赵学民，等，1999. 油茶高产无性系中试简报 [J]. 林
业科技开发（2）：11－13.

韩宁林，2000. 我国油茶优良无性系的选育与应用 [J]. 林业科技开发
（4）：31－33.

林少韩，徐乃焕，1981. 油茶花期生态及结实力的研究 [J]. 林业科学，
17（2）：113－122.

Simopoulos A P, Robinson J, 2002. 欧米伽膳食——长寿健康的营养计划
[M]. 张帆，译. 上海：上海科学普及出版社.

造林第二年

造林第四年

造林第六年

造林第八年

主栽品种

长林40号

长林4号

长林3号

长林53号

长林18号

配栽品种

长林23号

长林27号

长林166号

长林55号

长林21号

23号
尖端纵立

21号
叶片墨绿

18号
叶面偏黄，
中部等宽

4号
叶中部宽，
网脉明显

3号
长三角形

166号
窄长红叶红芽，基
部叶1/2下无梗

55号
宽，有折皱

53号
厚而亮

40号
长矩卵形，
顶部红芽

27号
叶红色偏深

油茶芽苗砧嫁接全过程

袋装接穗运输

傍晚散放于草地

单根穗条

侧面　正面　背面

削成的接穗

侧放拉切法削接穗

沙床里的砧苗

铝箔（绑扎好材料）

嫁接后的苗木

容器苗

苗床假植　　　　　　栽后浇水并杀菌　　　　　床边起沟

打洞　　　　　　　　插竹弓　　　　　　　蒙塑料薄膜，压边

高棚遮荫　　　　　保湿膜有孔洞时必须补齐

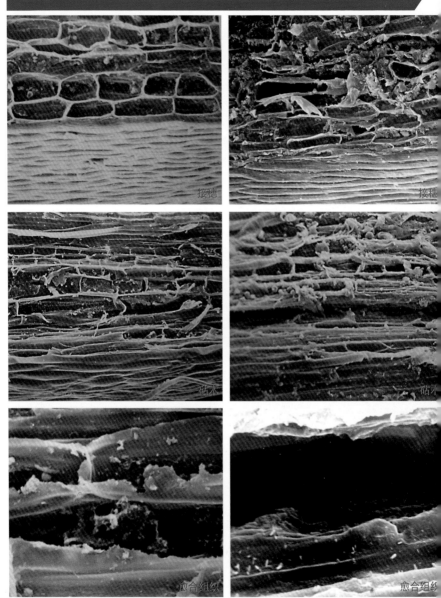

嫁接当天：接穗形成层只有一层细胞，砧木除形成层外，在皮层可见3层次生形成层细胞，在木质部可见10层次生形成层细胞。砧木的细胞内含物收缩聚合，已经开始形成愈合组织。

接后第一天：接穗细胞开始活动，砧木已经出现明显的愈合组织。可以见到的愈合组织长约25微米，宽约5微米。

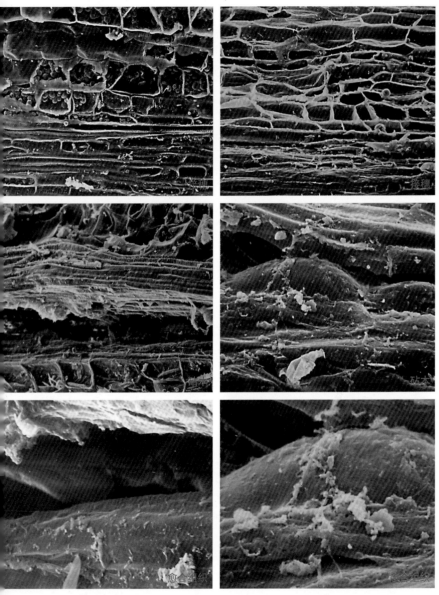

接后第二天：接穗细胞内开始积累淀粉
立，砧木开始加速愈合组织的形成，愈合
组织的长度已经超过40微米，宽度超过8
微米。

接后第三天：接穗仍然未见愈合组织，而
砧木切口的愈合组织的长度已经超过100微
米，宽度也已经超过10微米，并且愈合组
织之间已经开始相连接。

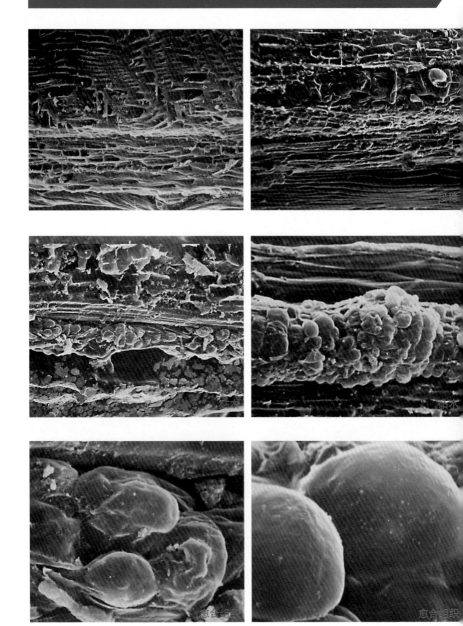

接后第七天：接穗可见少许愈合组织，砧木上的愈合组织已经开始分化，并相连成一个整体，但体积尚不够丰满。

接后第十天：接穗已见明显的愈合组织，砧木愈合组织已构成葡萄状，至少已经可见10层以上的细胞排列，形成的细胞也极其饱满。

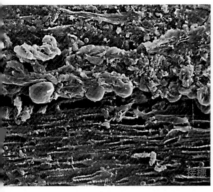
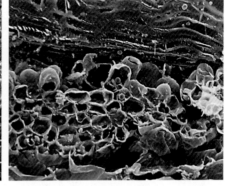

接后第十六天（砧木+接穗）：接穗的愈合组织与砧木的愈合组织已经相连，愈合部分接穗有1～2层细胞。

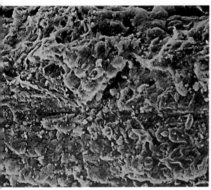
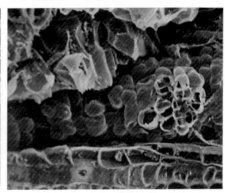

接后第二十二天（砧木+接穗）：愈合部分已经明显扩大。

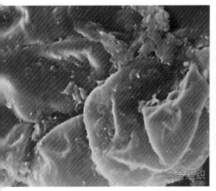
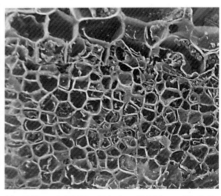

接后第十三天：接穗愈合组织明显，并已形成一层细胞，砧木的愈合组织已经出现功能性分化，已经见到输导组织。

接后第二十五天（砧木+接穗）：砧木与接穗已经充分愈合。

加速优质砧苗的培育

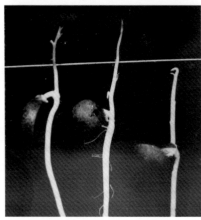

覆沙太浅　种子较小　优质砧苗　最优砧苗

浅播　　　　　　　　深播
播种深度与砧苗粗度

从生长旺盛的植株上取穗利于
培育嫁接超级苗

一般水平的嫁接育苗

超级苗

超级苗培育圃地

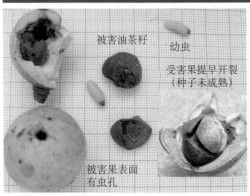

被害油茶籽　　　幼虫

受害果提早开裂
（种子未成熟）

被害果表面
有虫孔

油茶象甲危害状

蓝翅天牛危害状

点状危害（旺树）

茶梢蛾危害状

油茶毛虫危害状

软腐病裂果

 之前需要放上右侧图

树上蚂蚁巢

白蚁危害状

半边疯

鸡群吃虫

改造前的一般植株

断砧（注意不要劈裂）

拉切削穗

理想的断砧结果

削平断口，以利愈合

由一边插入接穗

绑扎（注意方向）

加排水棍后用塑料罩保湿

再加箬壳遮荫

箬壳光面朝外，保持侧方透光

原树适当保留，并作多头嫁接

嫁接刚成活的状态

开放前的花朵

用镊子打开花朵

用剪子剪除雄蕊

授粉

套上胶布隔离

柱头由胶布隔离

胶布套一直保留

果实成熟时仍保留

母本：9-8

父本：12-12

杂种：兼具早花、早熟、高产、优质的特点

母本：51-28

父本：抚林20

杂种：兼具皮薄、高产、高抗、早花、早实等特点

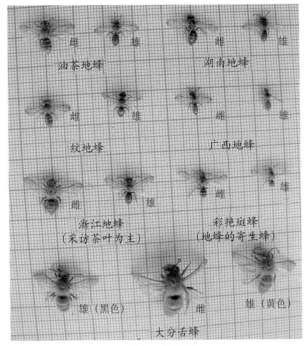

雌　　　雄　　　　　雌　　　雄
油茶地蜂　　　　　　湖南地蜂

雌　　　雄　　　　　雌　　　雄
纹地蜂　　　　　　　广西地蜂

雌　　　雄　　　　　雌　　　雄
浙江地蜂　　　　　　彩艳斑蜂
（采访茶叶为主）　　（地蜂的寄生蜂）

雄（黑色）　　　雌　　　雄（黄色）
大分舌蜂

油茶主要授粉蜂

大分舌蜂采访与巢穴

地蜂类采访与巢穴